Theorie der Rahmenwerke auf neuer Grundlage

Mit Anwendungsbeispielen

Von

Dr.-Ing. L. Mann

o. Professor an der Technischen Hochschule in Breslau

Mit 76 Textabbildungen

Springer-Verlag Berlin Heidelberg GmbH 1927

ISBN 978-3-662-31837-9 ISBN 978-3-662-32663-3 (eBook)
DOI 10.1007/978-3-662-32663-3

Alle Rechte, insbesondere das der Übersetzung
in fremde Sprachen, vorbehalten.

Copyright 1927 by Springer-Verlag Berlin Heidelberg
Ursprünglich erschienen bei Julius Springer in Berlin 1927

Vorwort.

Neben den physikalischen Gesetzen der Formänderungen enthält jede Theorie statisch unbestimmter Systeme nur geometrische oder statische Aussagen. Sie dienen dazu, die Gleichungen zu formulieren, deren Lösung zur Kenntnis der Kräfte und Formänderungen führt.

Isoliert man aus dem ganzen Komplex von Aussagen ein Gleichungssystem der statisch unbestimmten Kräfte, so bringt man damit lediglich geometrische Beziehungen zum Ausdruck; umgekehrt besitzen Gleichungen für eine bestimmte Zahl von Verschiebungsgrößen rein statischen Inhalt. Allgemein ist auch ein gemischtes System von Gleichungen denkbar, in welches sowohl Kräfte als auch Verschiebungen als Unbekannte eingehen.

Hierdurch ist eine Dreiteilung der Theorie gegeben. Die an erster Stelle genannten geometrischen Gleichungen sind die bekannten Elastizitätsgleichungen. Sie haben bisher der Statik der Baukonstruktionen fast ausschließlich zur Grundlage gedient. Hat man mit ihrer Hilfe die statisch unbestimmten Kräfte berechnet, so folgen die übrigen Kräfte aus rein statischen Betrachtungen am statisch bestimmten Hauptsystem. Diese Theorie wird hier als bekannt vorausgesetzt.

Unsere Betrachtungen wenden sich überwiegend, vom Abschnitt IV ab, den Gleichungen statischen Inhalts zu, die wir zum Unterschied die „Elastizitätsgleichungen zweiter Art" nennen. Die mit ihrer Hilfe zu bestimmenden Verschiebungen stellen ein System von Größen dar, aus welchen die übrigen Formänderungen auf rein geometrischem Wege folgen. Ihre Auswahl geschieht nach der Methode der „Grundkoordinaten". Diese sind durch die Eigenschaft bestimmt, den Verschiebungszustand gewisser kinematischer Gebilde G, G_1, G_2 festzulegen, zugleich gewinnt man aus der Betrachtung dieser Gebilde die geometrischen Beziehungen für die Ermittlung der übrigen Formänderungen. Das kinematische Gebilde stellt hier ein dem statisch bestimmten Hauptsystem analoges Hilfsmittel dar.

Untersteht im allgemeinen das Fachwerk der Domäne der ersten Theorie, so bietet die zweite Theorie in der Regel bei Rahmenwerken erhebliche Vorteile. Meistens ist die Zahl der einzuführenden Grundkoordinaten bedeutend kleiner als der Grad der statischen Unbestimmtheit. Nach ihrer Ermittlung mit Hilfe der Elastizitätsgleichungen zweiter Art findet man die Kräfte in irgendeinem Stab, ganz unabhängig von denen eines anderen, nach einem einfachen und einheitlichen Verfahren. Dabei stehen fortwährend bei der Zahlenrechnung eine große Anzahl einfacher und scharfer Proben zur Verfügung.

Nach unserer Ansicht wird man im Besitz dieser theoretischen Grundlagen bei der überwiegenden Mehrzahl von Rahmenwerken nicht mehr auf Gleichungen für statisch unbestimmte Kräfte zurückgreifen.

Über die dritte Theorie können wir uns kürzer fassen; sie ist zwar, wie im Abschnitt III dargelegt wird, in gewisser Beziehung den beiden ersten übergeordnet, da sich diese aus ihr gewinnen lassen. Im Abschnitt IV haben wir dies für die Elastizitätsgleichungen zweiter Art durchgeführt. Praktisch dürften aber die Ansätze der dritten Theorie nicht an die Tragweite der beiden anderen heranreichen. Im V. Abschnitt haben wir daher die zweite Theorie unabhängig aus allgemeinen Prinzipien entwickelt.

Soviel über den systematischen Aufbau. Was die praktische Durchführung anbelangt, so sei bemerkt, daß die Ermittlung der Formänderungen der Einzelstäbe einen in sich abgeschlossenen Teil der Berechnung bildet, der als vorerledigt betrachtet werden darf.

Für Stäbe mit veränderlichem Querschnitt haben wir jedoch die nötigen Entwicklungen durchgeführt und für die Endmomente beiderseits eingespannter Stäbe Formeln zur numerischen Berechnung aufgestellt. Ebenso hat im Abschnitt VII der beiderseits eingespannte Bogen eine eingehende Behandlung gefunden. Eine größere Zahl durchgeführter Beispiele verfolgt nicht nur den Zweck, einer mißverständlichen Auffassung der Grundlagen vorzubeugen, vielmehr halten wir die durch Kenntnis richtiger Resultate geübte Anschauung für eines der wichtigsten Hilfsmittel, sich vor groben Zahlenfehlern zu schützen. Dem praktischen Rechner dienen ferner numerisch durchgeführte Musterbeispiele als Anhalt für die anzuwendende Stellenzahl. Namentlich bei den empfindlichen Bogenstäben wurde die Fehlerfortpflanzung einer eingehenden Betrachtung unterzogen, um den Zeitaufwand für diese notwendigen Überlegungen abzukürzen. Die Zuverlässigkeit numerischer Integrationsmethoden wurde durch Vergleich mit mathematisch streng durchgeführten Rechnungen geprüft, wobei z. B. das vielfach benutzte Simpsonsche Verfahren nicht immer zufriedenstellt.

Breslau, im Februar 1927.

L. Mann.

Inhaltsverzeichnis.

I. Einführung.

Seite

1. Allgemeine Erklärung der Rahmenwerke. Die Stabkette G 1
2. Bezeichnungen 2

II. Abzählungskriterien und statische Gleichungen.

3. Das kinematische Gebilde G_1 Knotengleichungen 3
4. Gleichgewichtsbedingungen an der Kette G_1 Bestimmungen der Stabdrehwinkel mit Hilfe von Verschiebungsplänen 4

III. Die Kettengleichungen.

5. Herleitung der Kettengleichungen 6
6. Geometrische Deutung der Multiplikatoren 7
7. Darstellung der Drehwinkel φ'_r infolge der Längenänderung der Stäbe
8. Anwendung der Kettengleichungen 9

IV. Die Elastizitätsgleichungen zweiter Art. Methode der Grundkoordinaten.

9. Erklärung der Grundkoordinaten. Endmomente an den Stäben als Funktionen der Grundkoordinaten. Entwicklung der Elastizitätsgleichungen zweiter Art 13
10. Beispiel mit statisch bestimmtem G-System 17
11. Beispiel mit einer G-Kette von einfacher Bewegungsfreiheit 19
12. Darstellung von Einflußlinien 23
13. Beispiel 25

V. Herleitung der Elastizitätsgleichungen zweiter Art aus dem Energieprinzip.

14. Die statischen Beziehungen für die Grundkoordination 31
15. Erläuterung am Fachwerk. 32
16. Deutung als Gleichung der virtuellen Arbeit. Umformung 33
17. Erläuterung am Fachwerk mit gegliederten Stäben 35
18. Definitive Form der Arbeitsgleichung. Herleitung der Elastizitätsgleichungen zweiter Art durch Einführung der Grundkoordinaten . . 37
19. Stäbe mit veränderlichem Querschnitt 39
20. Beispiel einer Straßenbrücke. 42
21. Einspannmomente bei Stäben mit veränderlichem Querschnitt. Näherungsformeln zur Bestimmung von Biegungslinien 46
22. Näherungsformeln zur Bestimmung von Momenten bei starrer Einspannung 50
23. Beispiel 53

VI. Verallgemeinerung der Stabform. Allgemeine Grundkoordinaten. Lehrsätze.

24. Ausdehnung auf beliebige Stabform, insbesondere auf gekrümmte Stäbe. Berücksichtigung der Stablängenänderungen. Allgemeine Grundkoordinaten. Das Gebilde G_2 Neue Herleitung der Arbeitsgleichung. Satz $a_{nm} = a_{mn}$ 57

25. Deutung der rechten Seiten L_m. Satz über die Lastverteilung auf die Knoten . . . 61
26. Einfache und mehrfache symmetrische Stockwerkrahmen, Beispiele . . 62
27. Formeln für Rahmenwerke mit gekrümmten Stäben. Bogenbrücken mit 2 und 3 Öffnungen und eingespannten Mittelstielen. Unsymmetrische Bögen. Unsymmetrische Bogenbrücken mit 2 und 3 Öffnungen . . . 80

VII. Der Bogen mit starren Widerlagern.

28. Formeln für den Kreisbogen mit konstantem Querschnitt 88
29. Ermittlung der Zahlen β . . . 90
30. Formeln für die Einflußlinien und für die Bogenkräfte bei totaler und halbseitiger gleichmäßiger Belastung. Beispiel . . . 92
31. Beliebig geformter Bogen mit veränderlichem Querschnitt, Bogenkräfte und Biegungslinien . . . 96
32. Fehlerbetrachtungen. Numerische Integration mit Hilfe der Simpsonschen Regel. Verfahren von Gauß . . . 98
33. Definition der Bogenlinie bei freier Gestaltung, Beispiel 105

VIII. Anwendungen. Allgemeine Verwendung von Hauptachsen.

34. Beispiel einer kontinuierlichen Bogenbrücke mit 2 Öffnungen 110
35. Allgemeine Einführung von Hauptachsen. Ausdruck für die Formänderungsarbeit. Form der Elastizitätsgleichungen. Bogenstäbe mit einseitigem oder beiderseitigem Gelenkanschluß . . . 112
36. Beispiel einer dreischiffigen Halle mit Mittelbogen 115

Druckfehlerberichtigung.

Seite 16 Zeile 10 v. o. lies: zu setzen ist
Seite 17 Zeile 6 v. u. lies: Seitenstiele statt Seitenstäbe
Seite 17 Zeile 3 v. u. lies: $\frac{3}{3,2}+$ statt $\frac{3}{3,2}=$
Seite 19 Zeile 7 v. u. lies: J_c, für statt J_c für,
Seite 36 Zeile 17 v. u. lies: $Ky^{(m)}$ statt $K_y^{(m)}$
Seite 45 Zeile 12 v. o. lies: $l_1' = l_1$ statt $l_1' = l$
Seite 47 Zeile 16 v. o. lies: $\xi \frac{J_c}{J}$ statt $x \cdot \frac{J_c}{J}$
Seite 50 Zeile 1 v. u. lies: $\frac{J_r}{J}$ statt $\frac{J}{J}$
Seite 52 Zeile 3 v. u. lies: Endverstärkungen statt Vouten
Seite 61 Zeile 19 v. u. lies: $A_v^{(n)}$ statt $A_0^{(m)}$
Seite 106 Zeile 10 v. o. lies: M statt m

I. Einführung.

1. Allgemeine Erklärung der Rahmenwerke. Die Stabkette G.

In der Baustatik versteht man unter einem Rahmenwerk ein Bauwerk, das aus einer geometrisch unbeweglichen, aber sonst beliebigen Kombination miteinander verbundener, im allgemeinen biegungsfester Stäbe besteht. Die Verbindungsstellen werden als Knotenpunkte bezeichnet, die ohne Beschränkung der Allgemeinheit in den Enden der Stäbe angenommen werden dürfen, weil nach Bedarf jeder Teilpunkt eines Stabes als Knotenpunkt und seine Teile selbst als Stäbe aufgefaßt werden dürfen. Wir setzen dabei voraus, daß jeder Stab an beiden Endpunkten an Knoten angeschlossen ist, nur einseitig angeschlossene Stäbe betrachten wir als nicht zum System gehörig, sie werden nur als Mittel zur Übertragung von Lasten aufgefaßt.

Punkte, in denen Stäbe des Systems an ein starres Widerlager anschließen, werden als feste Knoten, die übrigen Punkte, in denen Stäbe zusammenstoßen, als freie Knoten bezeichnet. Zur deutlichen Vorstellung wollen wir uns stets einen Knoten körperlich, bei ebenen Stabsystemen etwa als einen zylindrischen Bolzen vorstellen, an welchen die Stäbe als gelenkig oder steif angeschlossen gelten, je nachdem bei einer Formänderung die Stabenden nur die Verschiebungen des Knotens oder auch dessen Drehung mitzumachen gezwungen sind. Bei den freien Knoten ist stets mindestens ein Stab steif mit dem Bolzen verbunden; bei festen Knoten ist der Bolzen steif mit dem Widerlager verbunden, er bildet daher einen Teil des letzteren.

Denken wir uns sämtliche steifen Anschlüsse, bis auf je einen an den freien Knoten, aufgehoben und durch gelenkige ersetzt, so kann das hierdurch entstehende Stabgebilde G entweder immer noch geometrisch unbeweglich sein und stellt dann ein statisch bestimmtes oder unbestimmtes Fachwerk dar oder wir erhalten eine kinematische Kette von im allgemeinen mehrfacher Bewegungsfreiheit. Im ersten Fall wird das Rahmenwerk auch als Fachwerk (mit steifen Knoten) bezeichnet.

Obwohl die Theorie auf gemeinsamen Prinzipien beruht, ist diese Unterscheidung praktisch von wesentlicher Bedeutung; während nämlich allgemein bei der Berechnung von Rahmenwerken die geringe Größenordnung der durch axiale Stabkräfte hervorgerufenen Formänderungen gewisse Vereinfachungen zuläßt, ist im Gegensatz dazu bei Fachwerken — bei ausschließlicher Belastung der Knoten — das gleiche durch die geringe Größenordnung der Biegungsmomente bedingt.

Rahmenwerke mit einem hohen Grad statischer Unbestimmtheit gehören der jüngsten Epoche der Baukunst an und werden vorzugsweise durch die Praxis des Eisenbetonbaues eingeführt. So klar die allgemeine Theorie statisch unbestimmter Systeme durch Betrachtung der Formänderungen an statisch bestimmten Hauptsystemen zur Aufstellung von Elastizitätsgleichungen gelangt, bei vielstäbigen Rahmenwerken begegnet die Durchführung infolge der umfangreichen Zahlenrechnungen erheblichen Schwierigkeiten. Auch die Methode, durch passend gewählte, statisch unbestimmte Hauptsysteme oder durch lineare Transformation der an einem beliebig gewählten Hauptsystem auftretenden statisch unbestimmten Größen die Gliedzahl der Elastizitätsgleichungen zu verringern, ist im allgemeinen, wenn nicht die Form und Symmetrie des Bauwerks wesentliche Vereinfachungen zur Folge haben, von keinem durchschlagenden Erfolg. Was bei der Lösung der vereinfachten Gleichungen gewonnen wird, muß teuer genug erkauft werden, durch den erhöhten Aufwand bei Bestimmung der Transformation, bei Berechnung der Koeffizienten der Gleichungen und nicht zuletzt derjenigen Größen, die das Ziel der Berechnung sind, der Momente und Normalkräfte, die oft in keinem für die Zahlenrechnung einfachen Zusammenhang mit den durch die Transformation eingeführten Unbekannten stehen.

Wie lebhaft diese Schwierigkeiten empfunden werden, beweist die große Zahl von Veröffentlichungen, die unter Beschränkung auf besondere Kategorien von Rahmenwerken auf die Entwicklung spezialisierter Verfahren hinzielen. Auch fehlt es nicht an Versuchen, für allgemein gestaltete Rahmenwerke neue Methoden zu entwickeln.

In der Tat sind neben der Methode der Elastizitätsgleichungen andere umfassende Methoden möglich, und indem wir die Aufgabe verfolgen, diese auf systematischem Wege zu ergründen, werden wir gleichzeitig zu Rechnungsverfahren geführt, die unter Umständen gerade da einfach werden, wo jene zu verwickelten Zahlenrechnungen führt.

2. Bezeichnungen.

Wir bezeichnen in folgendem mit s die Zahl der Stäbe, der Index r kennzeichne eine Größe, die einem bestimmten Stab zugeordnet erscheint, z. B. sei l_r seine Länge in spannungslosem Zustand, n sei die Zahl der Knoten; bestimmte Knoten, die durch einen Stab verbunden sind, führen die Kennziffern i und k, der Index i oder k kennzeichne eine dem Knoten i oder k zugeordnete Größe, g sei die Zahl der vorkommenden Gelenkanschlüsse, p sei schließlich die Zahl der Bewegungsfreiheiten der nach Aufhebung der Knotensteifigkeiten erzeugten Stabkette G und der Index m kennzeichne einen bestimmten Bewegungszustand der Kette, wenn $p - 1$ Freiheiten aufgehoben werden.

II. Abzählungskriterien und statische Gleichungen.

3. Das kinematische Gebilde G_1. Knotengleichungen.

Wir definieren das kinematische Gebilde G_1, das aus G entsteht, wenn man an dem Knoten den letzten steifen Stabanschluß aufhebt. Dabei treten noch n Bewegungsfreiheiten infolge der freien Drehbarkeit der Bolzen hinzu. Die Gesamtzahl der Bewegungsfreiheiten von G_1 beträgt daher $n + p$. Wir betrachten zuerst ein Rahmenwerk mit nur steifen Stabanschlüssen. Es treten dann $2s$ Endmomente auf, zwischen diesen und den äußeren Kräften bestehen gemäß der Zahl der Bewegungsfreiheiten $n + p$ statische Gleichungen. n Gleichungen drücken die Bedingung aus, daß bei Gleichgewicht keiner der Knoten eine Drehung ausführt, sie besitzen die Form:

$$\Psi_i = \sum M + M_{i0} = 0 \tag{1}$$

und werden Knotengleichungen genannt.

Hierbei ist die Summe über sämtliche auf einen Knoten i übertragenen Stabmomente zu erstrecken. M_{i0} bedeutet das durch einen etwa vorhandenen einseitig anegschlossenen Stab übertragene Moment, z. B. im Falle der Abb. 1 den Betrag $P \cdot c$.

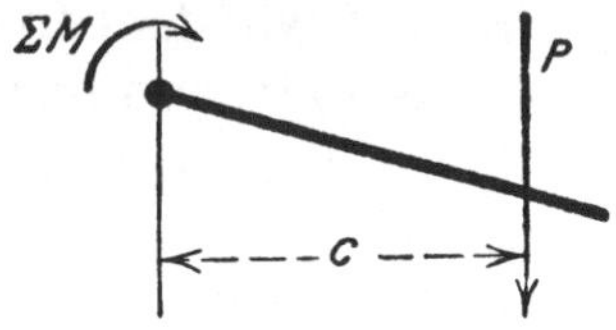

p Gleichungen drücken ferner den Gleichgewichtszustand der Stabkette aus. Wir bezeichnen sie mit

$$\Phi_m = 0, \quad m = 1, 2 \ldots p$$

und werden sie weiter unten entwickeln.

Abb. 1.

Vorher möge noch ein Abzählungskriterium für den Grad der statischen Unbestimmtheit aufgestellt werden.

Würden der aus s Stäben bestehenden Kette G in passender Weise p Stäbe hinzugefügt, so entstände ein statisch bestimmtes Fachwerk, für welches die bekannte Beziehung gilt

$$2n = s + p.$$

Hieraus entnimmt man für die Zahl der Kettengleichungen den Wert $p = 2n - s$ und als Gesamtzahl für die statischen Gleichungen $3n - s$. Zieht man diese Zahl von der Zahl der unbekannten Endmomente $2s$ ab, so erhält man als Grad der statischen Unbestimmtheit eines Rahmenwerks mit steifen Knoten:

$$3\,(s-n).$$

Sind bei einem Rahmenwerk g gelenkige Stabanschlüsse vorhanden, so ist die Zahl der statischen Gleichungen unverändert. Die Zahl der Unbekannten verringert sich um g, der Grad der statischen Unbestimmtheit beträgt daher allgemein:

$$3\,(s-n)-g.$$

Um den Grad der inneren statischen Unbestimmtheit bei geschlossenen Rahmenwerken mit s Stäben, n Knoten und g Gelenkanschlüssen zu bestimmen, denken wir eine Abstützung durch 3 in Knoten angeschlossene Gelenkstäbe herbeigeführt, dabei bleibt die Zahl der unbekannten Momente ungeändert, n stellt jetzt die Zahl der freien Knoten dar, die Zahl der Stäbe ist um 3 und die Zahl der Gelenke um 6 vermehrt. Der Grad der inneren statischen Unbestimmtheit ist daher:

$$3\,(s+3-n)-g-6=3\,(s+1-n)-g\,.$$

Die abgeleiteten Kriterien bleiben auch noch bestehen, wenn das System G geometrisch (statisch) bestimmt oder infolge der Stabanordnung geometrisch überbestimmt ist, oder teilweise überbestimmt ist, wobei es noch beweglich sein kann.

4. Gleichgewichtsbedingungen an der Kette G_1. Bestimmungen der Stabdrehwinkel mit Hilfe von Verschiebungsplänen.

An der Stabkette G_1 sind die gegebenen Lasten mit den Endmomenten der Stäbe im Gleichgewicht. Dabei ist daran zu erinnern, daß die an einem Kragarm nach Abb. 1 angreifende Last parallel verschoben im Knoten wirkend zu denken ist. An Stabe l_r greifen die beiden Momente M_i und M_k an, deren Summe wir gleich M_r setzen, sowie die äußeren Lasten.

Abb. 2.

Alle Endmomente und Drehwinkel zählen wir bei den Stäben stets positiv entgegen dem Drehsinn des Uhrzeigers (Abb. 2). Wird dem Stab eine Drehung φ_r erteilt, so ist dabei der Betrag für die virtuelle Arbeit der Endmomente gleich $M_r \cdot \varphi_r$.

Der $p$fachen Bewegungsfreiheit entsprechend, lassen sich der Kette p voneinander unabhängige Verschiebungszustände erteilen, bei welchen der Stab die Drehungen φ_{rm} $(m=1, 2\,..\,p)$ ausführen möge. Durch Anwendung des Prinzips der virtuellen Geschwindigkeiten erhält man daher:

$$\Phi_m = \sum_{r=1}^{s} M_r \cdot \varphi_{rm} + A_{vm} = 0 . \qquad (2)$$

A_{vm} bedeutet dabei die virtuelle Arbeit der gegebenen Kräfte.

Zur Bestimmung der Verschiebungsgrößen benutzen wir Geschwindigkeitspläne für die um 90° — entgegen dem Drehsinn des Uhrzeigers — gedrehten Geschwindigkeiten. Sind in Abb. 3 ii' und kk' die gedrehten Geschwindigkeiten des Stabes l_r, so liegen die Punkte i' und k' bekanntlich auf einer Parallele zu l_r, bezeichnet man ferner mit c_i und c_k die Projektionen von ii' und kk' auf die Stabachse, so beträgt die Drehgeschwindigkeit des Stabes $\omega_r = \frac{c_i + c_k}{l_r}$. Da diese Größen proportional den Drehwinkeln zu setzen sind, dürfen wir ohne weiteres letztere an Stelle der ersteren nehmen. Wir setzen daher mit $c_i + c_k = l_r - d_r$

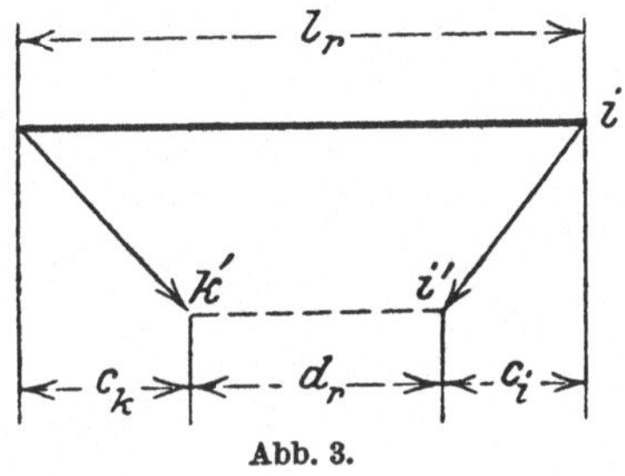

Abb. 3.

$$\varphi_r = \frac{l_r - d_r}{l_r} .$$

Wir wählen nun p Stäbe der Kette aus, deren Drehungen unabhängig voneinander erfolgen, und erhalten p voneinander unabhängige Geschwindigkeitspläne, indem wir der Reihe nach einem der Stäbe einen willkürlichen Drehwinkel zuschreiben, während die Drehwinkel der übrigen $p - 1$ Stäbe gleich Null angenommen werden.

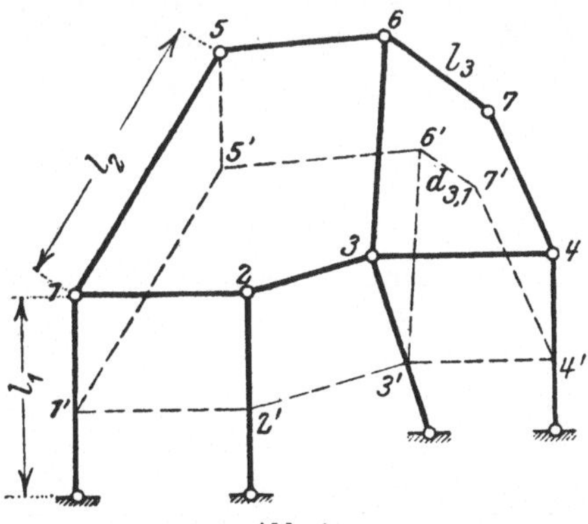

Abb. 4a.

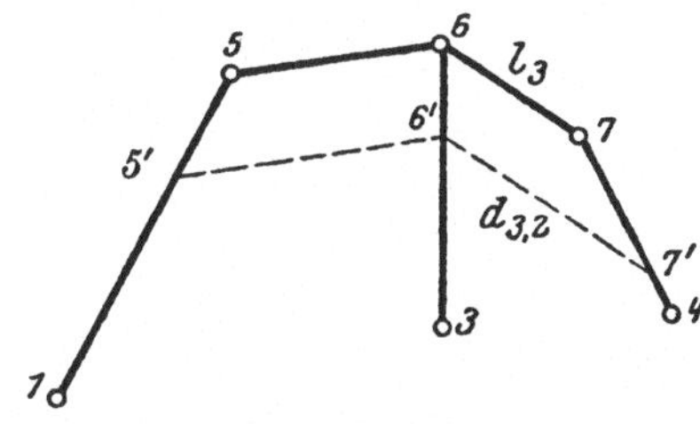

Abb. 4b.

Die den einzelnen Plänen entnommenen Längen $i' - k'$ — in dem Maßstab der Stablängen gemessen — bezeichnen wir mit d_{rm} und erhalten hiermit:

$$\varphi_{rm} = \frac{l_r - d_{rm}}{l_r} . \qquad (3)$$

In Abb. 4a haben wir ein Rahmenwerk dargestellt, dessen Kette zweifache Bewegungsfreiheit besitzt. Als Grundstäbe, d. h. solche, deren Bewegung voneinander unabhängig ist, wählen wir l_1 und l_2. In Abb. 4a und 4b sind die beiden Verschiebungspläne dargestellt.

In Abb. 4a wurde nach Annahme von 11′ 55′ gleich und parallel 11′ gemacht, wodurch dem Stab l_2 der Drehwinkel o zugeordnet ist. Der Verschiebungsplan ist hiermit zwangsläufig bestimmt. In Abb. 4b bleibt Punkt 1 und hiermit das ganze untere Geschoß in Ruhe. Nach Wahl von 55′ ist der Bewegungszustand des Obergeschosses bestimmt. Wir entnehmen z. B. den beiden Plänen die Strecken d_{31} und d_{32} und erhalten mit Hilfe der Formel (3) die Winkel $\varphi_{3,1}$ und $\varphi_{3,2}$.

III. Die Kettengleichungen.

5. Herleitung der Kettengleichungen.

Die Formänderungsarbeit des Rahmenwerks:

$$A = \int \frac{M^2\, ds}{2\, EJ} + \int \frac{N^2\, ds}{2\, EF}$$

läßt sich mit Hilfe der vorangegangen Betrachtungen als eine Funktion der $2s$ (bzw. $2s-g$) Knotenmomente darstellen, zwischen welchen $n+p$ statische Gleichungen bestehen. Der Satz von der kleinsten Formänderungsarbeit führt daher zu der Bestimmung eines relativen Kleinstwertes. Man darf bei Ableitung der Minimumsbedingungen die Momente als unabhängige Größen betrachten, wenn man die Ausdrücke Ψ_i und Φ_m mit noch zu bestimmenden Faktoren ν_i und μ_m multipliziert und zu A hinzuzählt. Hieraus folgen $2s$ Gleichungen von der Form:

$$\frac{\partial}{\partial M_i}\left[A + \sum_{i=1}^{n} \nu_i \Psi_i + \sum_{m=1}^{p} \mu_m \Phi_m\right] = 0\,. \tag{4}$$

Indem wir die Ableitungen nach den Momenten M_i und M_k, welche nach Abb. 2 am Stabe l_r angreifen, durchführen, erhalten wir mit Benutzung der beiden Gl. (1) und (2) zunächst:

$$\frac{\partial A}{\partial M_i} + \nu_i + \sum_{m=1}^{p} \mu_m \cdot \varphi_{rm} = 0\,,$$

$$\frac{\partial A}{\partial M_k} + \nu_k + \sum_{m=1}^{p} \mu_m \cdot \varphi_{rm} = 0\,.$$

Zur weiteren Umformung setzen wir:

$$\frac{\partial A}{\partial M_i} = \int M \frac{\partial M}{\partial M_i} \frac{ds}{EJ} + \int N \frac{\partial N}{\partial M_i} \frac{ds}{EF}\,.$$

Wie leicht ersichtlich, erstreckt sich das erste Integral nur über den Stab l_r und stellt nach bekannten Sätzen den Winkel dar, den die Tangente an die Biegungslinie im Punkte i mit der Sehne bildet (Abb. 5):

$$\int M \frac{\partial M}{\partial M_i} \frac{ds}{EJ} = \alpha_i = \alpha_{i,0} + \frac{l'_r}{6}(2\,M_i - M_k). \tag{5}$$

$\alpha_{i,\,0}$ stellt den Beitrag der am Stab selbst angreifenden Lasten dar und wird unter Annahme von Gelenken in den Punkten i und k bestimmt. l'_r ist die übliche Abkürzung für $\frac{l_r}{EJ}$.

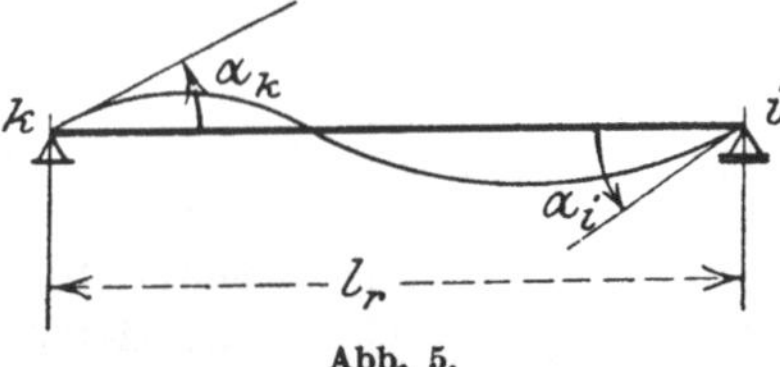

Abb. 5.

Das zweite Integral soll weiter unten besprochen werden, einstweilen setzen wir zur Abkürzung die Summe:

$$\int N \frac{\partial N}{\partial M_i} \frac{ds}{EF} + \sum_{m=1}^{p} \mu_m \cdot \varphi_{rm} = \vartheta_i.$$

Da aber offenbar $\vartheta_i = \vartheta_k$, bezeichnen wir beide Größen mit ϑ_r und haben schließlich:

$$\left.\begin{aligned} \frac{l'_r}{6}(2\,M_i - M_k) + \nu_i + \vartheta_r + \alpha_{i,0} = 0 \\ \frac{l'_r}{6}(2\,M_k - M_i) + \nu_k + \vartheta_r + \alpha_{k,0} = 0\,. \end{aligned}\right\} \tag{6}$$

Solcher Gleichungen gibt es im ganzen $2s$ bzw. $2s - g$, denn ist z. B. in k ein Gelenkanschluß vorhanden, so fällt die zweite Gleichung weg.

Aus einem weiterhin noch ersichtlichen Grunde bezeichnen wir diese Gleichungen als Kettengleichungen und wollen sie jetzt noch auf einem zweiten Wege herleiten, der zugleich die geometrische Bedeutung der einzelnen Summanden erkennen läßt.

6. Geometrische Deutung der Multiplikatoren.

Früher wurden bei Bestimmung der Verschiebungspläne p ausgewählten Grundstäben virtuelle Drehwinkel zugeschrieben, woraus entsprechende Drehwinkel für sämtliche Stäbe zwangläufig bestimmt waren. Die wahren Drehwinkel der Grundstäbe infolge irgendeiner Belastung des Rahmenwerks können wir uns durch Multiplikation der virtuellen mit noch zu bestimmenden Zahlen $\mu_1\,\mu_2\,.\,.\,.\mu_p$ erhalten denken. Die Bezeichnungen μ_m führen wir dabei, ebenso wie nachfolgend ν_i und ϑ_r ohne Bezugnahme auf die ihnen früher beigelegte Bedeutung ein. Die wahren Drehwinkel aller übrigen Stäbe (Stabsehnen) dürfen wir aus zwei Summanden φ_r und φ'_r bestehend betrachten, deren erster eine kinematische Folge der Drehwinkel der Grundstäbe ist und wegen der linearen Zusammensetzung der einzelnen Verschiebungszustände den Wert besitzt:

$$\varphi_r = \sum_{m=1}^{p} \mu_m \varphi_{rm}. \tag{7}$$

Der zweite Summand ist durch die Stabdehnungen bedingt und darf unter Festhaltung der ursprünglichen Richtung der Grundstäbe ermittelt werden. Am einfachsten geschieht dies durch die Einführung von p zweckentsprechenden Stützungen (Abb. 6). Dadurch entsteht aus der Stabkette ein statisch bestimmtes Fachwerk, für welches eine Reihe von einfachen Methoden zur Bestimmung der Drehwinkel bekannt sind.

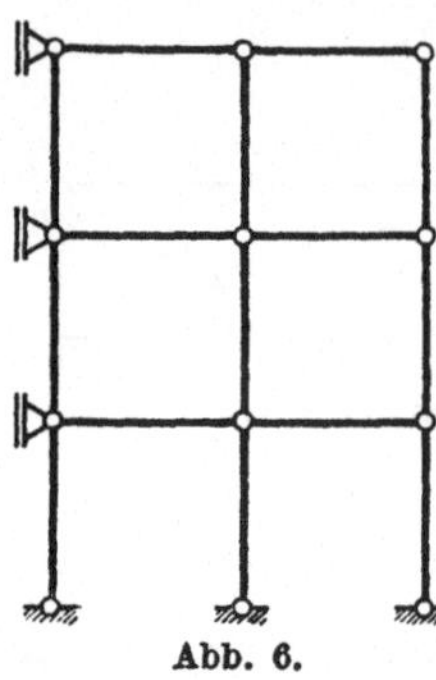
Abb. 6.

Zunächst wenden wir das Prinzip der virtuellen Verrückungen auf dieses Fachwerk an, indem wir als Formänderung die wirklichen Stabdehnungen und als Last zwei in den Endpunkten i und k des Stabes l_r angreifende Kräfte einführen, die ein Paar vom Moment 1 bilden. Die durch dieses Kräftepaar bewirkten Stabkräfte seien mit N' bezeichnet. Dadurch erhalten wir:

$$1 \cdot \varphi'_r = \int \frac{N N' ds}{EF}. \tag{8}$$

Betrachten wir hierin N als Funktion der äußeren Kräfte und Knotenmomente, so gilt auch $N' = \frac{\partial N}{\partial M_i}$ und weiter

$$\int N \frac{\partial N}{\partial M_i} \frac{ds}{EF} = \varphi'_r.$$

Die Summe $\varphi_r + \varphi'_r$ ist der wahre Drehwinkel einer Stabsehne und werde mit ϑ_r bezeichnet. Schließlich bezeichnen wir noch den wahren Knotendrehwinkel im Sinne des Uhrzeigers, d. h. den Winkel, um welchen sich der Bolzen dreht, mit ν_i. Jetzt können wir die Bedingung ausdrücken, daß die Drehung der Endtangente eines am Knoten steif angeschlossenen Stabes mit der Drehung des Knotens übereinstimmen muß (Abb. 7). Der Drehwinkel der Tangente ist gleich dem Betrag des Sehnendrehwinkels ϑ_r, vermehrt um den Betrag des Winkels α_i, den die Tangente nach der Formänderung mit der Sehne bildet. Mit Benutzung von (5) lautet daher die geforderte Bedingung:

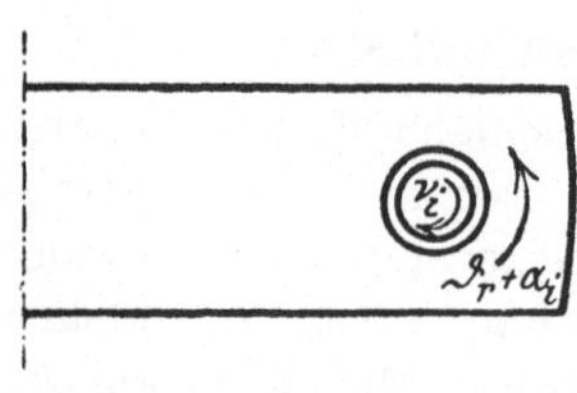

Abb. 7.

$$\vartheta_r + \alpha_{i,0} + \frac{l'_r}{6}(2 M_i - M_k) = -\nu_i.$$

Dies ist aber die früher aufgestellte Kettengleichung und die Zeichen ν, μ, ϑ, φ stellen daher in beiden Entwicklungen dieselben Größen dar.

Es bedeuten:

ϑ_r die wahren Stabsehnendrehungen,

φ_r die Stabsehnendrehungen bei Vernachlässigungen des Einflusses der Stabdehnungen,

μ_m Faktoren, mit deren Hilfe die Größen φ_r aus den φ_{rm} der Verschiebungspläne durch lineare Zusammensetzung erhalten werden,

ν_i die Knotendrehwinkel, im Sinne des Uhrzeigers gezählt.

7. Darstellung der Drehwinkel φ_r' infolge der Längenänderung der Stäbe.

Zur vollständigen Entwicklung der Kettengleichungen haben wir noch die Winkel φ_r' zu bestimmen, die durch die Substitution $\vartheta_r = \varphi_r + \varphi_r'$ eingeführt wurden und den Einfluß der Stabdehnungen darstellen. Ihre methodische Darstellung als Funktionen der Momente, z. B. mit Hilfe der Gl. (8) bietet zwar keine Schwierigkeit, würde aber bei unregelmäßig gestalteten und vielstäbigen Rahmenwerken für die weitere Rechnung eine gewaltige Komplikation bedeuten. Soweit jedoch die Stabdehnungen eine Folge der durch äußere Lasten veranlaßten Normalkräfte sind, dürfen sie bis auf wenige bekannte Ausnahmefälle vollständig vernachlässigt werden. Man hat dann einfach mit $\Delta\, l_r = 0$ $\vartheta_r = \varphi_r$ zu setzen.

Eine extreme Ausnahme bildet der Fall der Nebenspannungen eines Fachwerks mit steifen Knoten. Hier ist $\varphi_r = 0$ und somit $\vartheta_r = \varphi_r'$ zu setzen. Dabei tritt aber eine große Vereinfachung dadurch ein, daß in erster Annäherung die Stabkraft und damit φ_r' als unabhängig von den Knotenmomenten angesehen werden darf, wodurch ϑ_r als bekannte Größe eingeführt wird.

Auch bei allgemeinen Rahmenwerken wird man bei den nicht vernachlässigbaren Temperaturdehnungen mit Unterdrückung des Einflusses der durch Temperatur erzeugten Normalkräfte die Änderung der Stablänge

$$\Delta\, l_r = \varepsilon t l_r$$

setzen.

Daß die Stabkrümmung infolge ungleichmäßiger Temperaturänderung eines Stabes auf φ_r' keinen Einfluß hat und vielmehr durch entsprechende Zusatzglieder zu den oben eingeführten Winkeln $\alpha_{i,0}$ berücksichtigt wird, bedarf keiner weiteren Erläuterung.

Bei verhältnismäßig langen und schlanken Stäben können zuweilen die Normalkräfte einen erheblichen Einfluß besitzen. Dann wird bei umfangreichen Rahmenwerken der Weg der schrittweisen Annäherung am schnellsten zum Ziel führen, indem man die auf Grund der Annahme $\Delta l = 0$ oder eines geschätzten Wertes bzw. $\Delta l = \varepsilon t l$ ermittelten

Normalkräfte benutzt, um in eine wiederholte Rechnung verbesserte Werte für die Längenänderungen einzusetzen.

Indem wir so die Längenänderungen als gegeben ansehen, ist eine schnelle Bestimmung der φ'_r möglich. Sie bedeuten, wie früher dargelegt wurde, die Drehwinkel in dem durch Führung der p-Grundstäbe parallel zu ihren anfänglichen Richtungen aus der Stabkette erzeugten Fachwerk und werden am einfachsten und genau genug mit Hilfe eines Williotschen Verschiebungsplanes erhalten. Auch wird es besonders bei Rahmenwerken mit nur lotrechten und wagrechten Stäben möglich sein, in einfachster Weise an Hand einer flüchtigen Skizze die Drehwinkel zahlenmäßig zum Ausdruck zu bringen.

Will man auch bei komplizierten Rahmenwerken die Winkel φ' durch Rechnung bestimmen, so führt auf einfachem Wege die Lösung folgender Sonderaufgabe zum Ziel: Von einem geschlossenen Vieleck seien die Längenänderungen der Seiten und die Winkeländerungen bis auf 3 gegeben, die letzten 3 Winkeländerungen zu bestimmen.

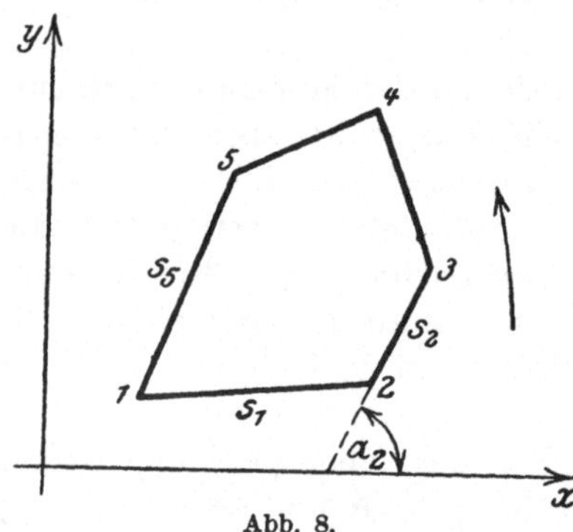

Abb. 8.

Lösung: Wir bezeichnen nach Abb. 8 die Ecken in der Folge des positiven Umfahrungssinnes mit den Ziffern 1 bis n und die Seitenlängen bei Ecke 1 beginnend mit s_1 bis s_n. In einem beliebigen Rechtssystem, d. h., dessen x-Richtung durch positive Drehung um 90^0 die y-Richtung erlangt, gilt:

$$\Sigma s \cos\alpha = 0$$

woraus folgt:

$$\sum \varDelta s \cos\alpha - \sum s \cdot \sin\alpha \cdot \varDelta\alpha = 0\,. \tag{9}$$

Wir bezeichnen jetzt den Winkel, um den sich die Seite s_i gegen die vorhergehende s_{i-1} in positivem Sinne dreht, mit γ_i und benutzen folgende Beziehungen bzw. Definitionen:

$$\gamma_i = \varDelta\alpha_i - \varDelta\alpha_{i-1}; \quad \gamma_1 = \varDelta\alpha_1 - \varDelta\alpha_n;$$

$$s_i \cos\alpha_i = x_{i+1} - x_i;$$

$$s_i \sin\alpha_i = y_{i+1} - y_i;$$

$$\beta_i = \frac{\varDelta s_i}{s_i} - \frac{\varDelta s_{i-1}}{s_{i-1}}; \quad \beta_1 = \frac{\varDelta s_1}{s_1} - \frac{\varDelta s_n}{s_n}\,.$$

Die zuletzt aufgestellte Gleichung nimmt dadurch die Form an:

$$\sum_{i=1}^{n} y_i \gamma_i + \sum_{i=1}^{n} x_i \beta_i = 0\,. \tag{9a}$$

Die Beziehung gilt für jedes Rechtssystem. Sind nun an irgend 3 Ecken die Winkeländerungen gesucht, so legen wir der Reihe nach die x-Achse durch je 2 dieser Ecken, dann liefert die jeweilige Anwendung von (9a) die Winkeländerung an der dritten Ecke. Diese schöne Lösung findet sich bei Mohr[1]) und dürfte an Einfachheit nicht übertroffen werden. Es ist jetzt leicht zu ersehen, wie man z. B. bei dem in Abb. 4a dargestellten Rahmenwerk erst im unteren Stockwerk und dann im oberen jedesmal von links nach rechts fortschreitend durch wiederholte Anwendung von (9a) auf die aneinander gereihten Vielecke sämtliche Drehwinkel bestimmen kann.

8. Anwendung der Kettengleichungen.

Wir können jetzt der ersten der Gl. (6) die Form geben:

$$\frac{l'_r}{6}(2\,M_i - M_k) + \nu_i + \varphi_r = -\alpha_{i,0} - \varphi'_r,$$

wobei auf der rechten Seite bekannte Größen stehen, und wollen sie die dem Knoten i zugeordnete Kettengleichung des Stabes l_r nennen. Diese Gleichungen bilden zusammen mit den statischen Gleichungen $\Psi_i = 0$ und $\Phi_m = 0$ ein System von $2s - g + n + p$-Gleichungen für ebensoviel Unbekannte M_i, ν_i und μ_m, wenn wir φ_r nach (7) eingesetzt denken.

Zunächst liegt der Gedanke nahe, die Knotenwinkel ν_i zu entfernen, indem man in den einzelnen den Knoten i zugeordneten Gruppen eine Gleichung von den übrigen abzieht.

Dadurch entstehen jene Gleichungen, die von Bleich „Viermomentengleichungen" genannt werden[2]). Sie enthalten formal nur 4 Momente, durch die Größen φ_r und zufolge der Gleichungen $\Phi_m = 0$ sind sie jedoch mit den übrigen Momenten verknüpft. Im Sinne der bekannten rekursiven Gleichungen bei kontinuierlichen Trägern oder verwandten Systemen, die man allgemein als Drei- oder Fünfmomentengleichungen zu bezeichnen pflegt, können Elastizitätsgleichungen mit gerader Gliedzahl nicht existieren, weil diese im Widerspruch mit dem Maxwellschen Satz stehen würden. Man kann sich leicht überlegen, daß aus den Kettengleichungen durch gleichzeitige Elimination der Größen ν_i und φ_r überhaupt kein brauchbares, d. h. $2s - n - p$ voneinander unabhängige Gleichungen enthaltendes System erhalten wird, weil zwischen den Größen φ_r $n - p$ geometrische Beziehungen bestehen, die aus (7) nach Elimination der Größen μ_m hervorgehen, die aber überflüssig

---

[1]) Abhandlungen, unter VIII. 1914.

[2]) Bleich: Die Berechnung stat. unbest. Tragwerke nach der Methode des Viermomentensatzes. Berlin: Julius Springer 1925.

erschienen, wenn jene Gleichungen voneinander unabhängig wären. Bei Bleich fehlen die kinematischen Beziehungen (7), sowie der Ansatz der statischen Gleichungen an der Stabkette:

$$\Phi_m = 0.$$

An Stelle der ersteren werden die als „Winkelgleichungen" bezeichneten Beziehungen (9) benutzt, die letzteren werden dadurch umgangen, daß die nach Benutzung der Gleichungen $\Psi_i = 0$ in die Rechnung eingeführten $2s - n$ Momente nachträglich wieder an einem Hauptsystem durch $3(s - n)$ statisch unbestimmte Größen ausgedrückt werden.

Dies dürfte aber in der Regel einen Umweg bedeuten. Dadurch ist wohl auch die von anderer Seite als charakteristisch angesehene Bemerkung veranlaßt, daß aus den Bleichschen Ansätzen durch passende Elimination die gewöhnlichen Elastizitätsgleichungen erhalten werden[1]).

Allerdings ist es selbstverständlich, daß sich aus allgemeinen umfassenden Ansätzen spezielle Formen herleiten lassen. Sucht man vielmehr den Sinn solcher neuerdings in Mode gekommener Gleichungen mit einer vermehrten Zahl von heterogenen Unbekannten in dem einfachen Bau der Koeffizienten, der eine schnelle und übersichtliche Aufstellung des ganzen Gleichungssystems ermöglicht, so gibt doch obige Bemerkung zu der Erwägung Anlaß, daß die bei der Auflösung durchgeführten Eliminationen zahlreicher auftreten, den Vorteil der Symmetrie entbehren, oder bei besonderer Umsicht gerade über den Weg von Elastizitätsgleichungen führen. Je größer die Zahl der Gleichungen ist, um so schwieriger ist im allgemeinen die Fortpflanzung von Fehlergrößen zu beurteilen und, was damit im Zusammenhang steht, ein Aufschluß über die anzuwendende Stellenzahl zu erlangen.

Ein zweiter Weg, die Kettengleichungen zu benutzen, ist folgender: Drückt man die Größen φ_r durch p von ihnen aus, was allgemein durch Benutzung von Gl. (7) geschieht, häufig genug aber sofort mit Hilfe der Anschauung bewirkt werden kann, entfernt weiter aus den Kettengleichungen die ν_i, so kann man jetzt durch Hinzuziehen der Gl. $\Psi_i = 0$ sämtliche Momente durch die p Winkel ausdrücken. Zum Schluß liefern die Gl. $\Phi_m = 0$ diese p Größen.

Auf diesem Wege wird man bei manchen Aufgaben schnell zum Ziel kommen. Auch dürfen drittens gleichzeitig mit den ν_i die p Winkelgrößen eliminiert werden. Zusammen mit $\Psi_i = 0$ und $\Phi_m = 0$ besitzt man dann ein System voneinander unabhängiger Gleichungen für die Größen M.

---

[1]) **Ratzersdorfer**: Zeitschr f. angew. Math. u. Mechanik.

Nach diesem Schema berechnet z. B. Mohr den Pfostenträger[1]). Ein dem Hochbau entnommenes Beispiel eines Rahmenwerks mit lotrechten und wagrechten Stäben findet man im „Bauingenieur“ durchgeführt[2]).

IV. Die Elastizitätsgleichungen zweiter Art. Methode der Grundkoordinaten.

9. Erklärung der Grundkoordinaten. Endmomente an den Stäben als Funktionen der Grundkoordinaten. Entwicklung der Elastizitätsgleichungen zweiter Art.

Bekanntlich laufen die beiden Methoden der allgemeinen Elastizitätstheorie darauf hinaus, die notwendigen Bestimmungsgleichungen entweder für die Verzerrungskomponenten oder für die Spannungskomponenten aufzustellen. Die Baustatik hat die Theorie der Stabsysteme fast nur nach der zweiten Methode ausgebildet, wenn auch ältere Ansätze bei Clebsch die erste Methode zur Grundlage haben[3]).

Zur Erläuterung diene folgendes. Zwei nach Gl. (5) am Stabe l_r gesetzte Gleichungen liefern:

$$\left.\begin{aligned} l'_r M_i &= 4(\alpha_i - \alpha_{i,0}) + 2(\alpha_k - \alpha_{k,0}) \\ l'_r M_k &= 4(\alpha_k - \alpha_{k,0}) + 2(\alpha_i - \alpha_{i,0})\,. \end{aligned}\right\} \quad (10)$$

Durch die Angabe der beiden Winkel α_i und α_k ist daher der Biegungszustand und durch die weitere Angabe von Δl_r der ganze Verzerrungszustand des Stabes als gegeben anzusehen (Abb. 9). Für das Rahmenwerk folgen hiermit $3s$ Bestimmungsstücke, die jedoch geometrisch nicht unabhängig voneinander sind. Nimmt man zunächst nur steife Anschlüsse an, so gilt an jedem Stabende eine geometrische Beziehung von der Form:

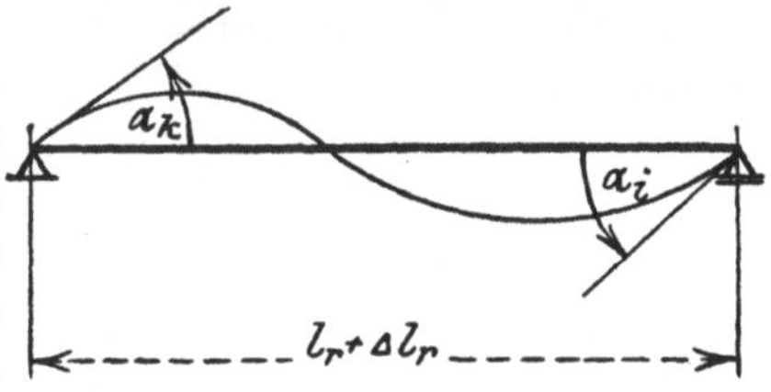

Abb. 9.

$$\alpha_i = -\nu_i - \vartheta_r \text{ bzw. } \alpha_k = -\nu_k - \vartheta_r.$$

Da weiter φ_r von den Größen μ_m und φ'_r von den Größen Δl_r abhängt, so sind wegen $\vartheta_r = \varphi_r + \varphi'_r$ die Winkel α_i und somit auch die $3s$ Bestimmungsstücke der Stäbe des Rahmenwerks im ganzen abhängig von den n Größen ν_i, von den p Größen μ_m und den s Größen Δl_r, zusammen von $p + n + s$ Größen oder wegen $p = 2n - s$ von

[1]) Mohr: Abhandlungen. 1917.

[2]) Steuding: Zur Praxis der Statik im Eisenbetonbau, Bauing. Jg. 26, S. 105.

[3]) Clebsch: Theorie der Elastizität fester Körper. 62, § 90 und 91.

$3n$ Größen. Durch $3n$ Bestimmungsstücke sind daher auch die übrigen $3s - 3n$ geometrisch mit bestimmt.

Das Rahmenwerk bezeichnen wir aus diesem Anlaß als $3(s-n)$-fach geometrisch überbestimmt. Bekanntlich stimmen die Grade der geometrischen Überstimmtheit und der statischen Unbestimmtheit überein.

Die $3n$ den Formänderungszustand eines Systems bestimmenden Größen mögen die Grundkoordinaten genannt werden. Die Methode der Verzerrungskomponenten kann dann kurz formuliert werden als die Aufgabe, die Grundkoordinaten zu bestimmen. Es sei weiter bemerkt, daß bei Vorhandensein von Gelenkanschlüssen die Zahl der Grundkoordinaten dieselbe bleibt. Dagegen wird die Anzahl der geometrischen Beziehungen zwischen den $3s$ „Stabkoordinaten" um je eine für jeden Gelenkanschluß vermindert, wofür ebensoviel Beziehungen hinzutreten, die man erhält, wenn in Gl. (10) bei einseitigem Gelenkanschluß $M_i = 0$ oder bei beiderseitigem Gelenkanschluß M_i und M_k gleich Null gesetzt wird.

Zur Herleitung der Bestimmungsgleichungen für die Grundkoordinaten sei zunächst bemerkt, daß unter den Voraussetzungen, die den Entwicklungen des dritten Abschnitts zugrunde liegen, die Größen Δl_r bereits als bekannt anzusehen sind; es handelt sich nur noch um die Bestimmung der ν_i und μ_m. Hierfür bieten wieder die Kettengleichungen einen Weg, indem man aus ihnen im Verein mit den $n+p$ statischen Gleichungen die Größen M eliminiert.

Durch Einführen von ν_i und ϑ_r in die erste der Gl. (10) folgt zunächst:

$$\frac{1}{2} l'_r M_i = -(2\nu_i + \nu_k + 3\vartheta_r + 2\alpha_{i,0} + \alpha_{k,0}) .$$

Diese Gleichung gilt nur bei beiderseitigem steifen Stabanschluß; ist dagegen der Stab nur an den Knoten i steif, an k dagegen gelenkig angeschlossen, so folgt aus (10) mit $M_k = 0$:

$$l'_r \cdot M_i = 3\alpha_i - 3\alpha_{i,0} = -(3\nu_i + 3\vartheta_r + 3\alpha_{i,0}) .$$

Um nicht fortgesetzt die 4 möglichen Fälle je nach Wahl steifer oder gelenkiger Stabanschlüsse gesondert behandeln zu müssen, möge für alle eine gemeinschaftliche Formel aufgestellt werden. Zu diesem Zweck ordnen wir den durch i und k gekennzeichneten Enden irgendeines Stabes die Zahlen i und k zu und setzen fest, daß sowohl i wie k 1 oder 0 gesetzt werden, je nachdem ein starrer oder beweglicher Anschluß an dem betreffenden Stabende vorliegt. Wie definieren dann folgende Zahlen:

$$z_{ii} = i(3+k); \quad z_{ik} = z_{ki} = 2ik; \quad z_{kk} = k(3+i);$$
$$\zeta_i = 3i(1+k) \quad \zeta_k = 3k(1+i) .$$

Dann gilt allgemein bei beliebigem Anschluß:

$$l'_r M_i = -(z_{ii} \nu_i + z_{ik} \nu_k + \zeta_i \vartheta_r + z_{ii} \alpha_{i0} + z_{ik} \alpha_{k0}), \tag{10a}$$

vertauscht man in dieser Gleichung sämtliche Indizes i und k, so erhält man:

$$l'_r M_k = -(z_{kk} \nu_k + z_{ki} \nu_i + \zeta_k \vartheta_r + z_{kk} \alpha_{k0} + z_{ki} \alpha_{i0}). \tag{10b}$$

Für die Zahlenrechnungen diene folgende Tabelle:

	z_{ii}	z_{ik}	z_{kk}	ζ_i	ζ_k	ζ'_r
bei steifem Anschluß in i und k .	4	2	4	6	6	12
„ „ „ nur in i . .	3	0	0	3	0	3
„ „ „ nur in k . .	0	0	3	0	3	3
„ Gelenk-Anschluß in i und k	0	0	0	0	0	0

In der letzten Spalte haben wir noch die Werte von ζ'_r hinzugefügt:

$$\zeta'_r = \zeta_i + \zeta_k$$

Die Werte für M_i führen wir in die Knotengleichung $\Psi_i = 0$ ein und erhalten dadurch die dem Knoten i zugeordnete Gleichung:

$$\sum_k a_{ik} \nu_k + \sum \zeta_i \frac{\vartheta_r}{l'_r} + \sum \frac{z_{ii} \alpha_{i0} + z_{ik} \alpha_{k0}}{l'_r} = M_{i0}.$$

Dabei soll die Operation Σ ohne beigefügte Summationsbuchstaben in diesem Abschnitt stets nur eine Summierung über die am Knoten i zusammenstoßenden Stäbe bedeuten. Ferner ist:

$$a_{ik} = 0,$$

falls von i nach k kein Stab führt und

$$a_{ki} = a_{ik} = \frac{z_{ik}}{l'_r},$$

falls i mit k durch l_r verbunden ist,

$$a_{ii} = \sum \frac{z_{ii}}{l'_r}.$$

Man bemerkt, daß auch die erste Summe in obiger Gleichung höchstens soviel Glieder besitzt, als Stäbe vom Knoten i ausgehen.

Zur weiteren Umformung werde jetzt

$$\vartheta_r = \sum_m \mu_m \varphi_{rm} + \varphi'_r$$

eingeführt. Dadurch erhält die dem Knoten i zugeordnete Gleichung die endgültige Form:

$$\sum_k a_{ik} \nu_k + \sum_m b_{im} \mu_m = L_i - \sum \zeta_i \frac{\varphi'_r}{l'_r}; \qquad i = 1, 2 \cdots n \tag{11a}$$

mit

$$b_{im} = \sum \zeta_i \frac{\varphi_{rm}}{l'_r} \quad \text{und} \quad L_i = M_{i0} - \sum \frac{z_{ii} \alpha_{i0} + z_{ik} \alpha_{k0}}{l'_r}.$$

Weitere p Gleichungen folgen durch Einführen der ν_i und μ_m in die statischen Gleichungen (2). Deren m-te lautete:

$$\sum_{r=1}^{s} M_r \cdot \varphi_{rm} + A_{vm}.$$

Dabei ist:

$$M_r = M_i + M_k.$$

Die Größen ν liefern den Term:

$$-\sum_{i=1}^{n} \nu_i \zeta_i \sum \frac{\varphi_{rm}}{l'_r} = -\sum b_{im} \nu_i.$$

Der zweite von ϑ_r herrührende Term kann gleich

$$-\sum_{r=1}^{s} \zeta'_r \frac{\vartheta_r}{l'_r} \varphi_{rm}$$

gesetzt werden, wobei $\zeta'_r = 12$ oder 3 oder 0 zu setzen, je nachdem ein Stab beiderseits steifen oder einseitig steifen oder beiderseits gelenkigen Anschluß besitzt. Setzt man

$$\vartheta_r = \sum_{\varrho=1}^{p} \mu_\varrho \cdot \varphi_{r\varrho} + \varphi'_r$$

ein, so nimmt der zweite Term die Form an:

$$-\sum_{\varrho=1}^{p} \mu_\varrho \sum_{r=1}^{s} \zeta'_r \frac{\varphi_{r\varrho} \cdot \varphi_{rm}}{l'_r} - \sum_{r=1}^{s} \zeta'_r \frac{\varphi_{rm} \varphi'_r}{l'_r}$$

Als dritten Term findet man schließlich den Betrag:

$$-\sum_{r=1}^{s} \varphi_{rm} \frac{\zeta_i \alpha_{i0} + \zeta_k \alpha_{k0}}{l'_r}.$$

Setzt man noch

$$c_{\varrho m} = c_{m\varrho} = \sum_{r=1}^{s} \zeta'_r \frac{\varphi_{r\varrho} \cdot \varphi_{rm}}{l'_r},$$

so nimmt die Gleichung die endgültige Form an:

$$\sum_{i=1}^{n} b_{im} \nu_i + \sum_{\varrho=1}^{p} c_{\varrho m} \cdot \mu_\varrho = L_{n+m} - \sum_{r=1}^{s} \zeta'_r \frac{\varphi_{rm} \varphi'_r}{l'_r} \tag{11b}$$

mit

$$L_{n+m} = A_{vm} - \sum_{r=1}^{s} \varphi_{rm} \frac{\zeta_i \alpha_{i0} + \zeta_k \alpha_{k0}}{l'_r}.$$

Die Gl. (11a) und (11b) sind das gesuchte System für die Grundkoordinaten. Sie besitzen, wie noch erläutert werden soll, einen statischen Inhalt, den man folgendermaßen aussprechen kann: Die $n + p = 3n - s$ Grundkoordinaten, durch welche sämtliche Verzerrungen geometrisch bestimmt sind (man denke dabei an die Einführung der Δl_r als bekannte Größen), besitzen solche Werte, daß die mit den Verzerrungen auftretenden elastischen Kräfte den äußeren Lasten das Gleichgewicht halten. Wir bezeichnen sie als „Elastizitätsgleichungen 2ter Art", zum Unterschied von den Elastizitätsgleichungen für statisch unbestimmte Kräfte, die bekanntlich geometrischen Inhalts sind und aussagen, daß die den Kräften entsprechenden Formänderungen miteinander verträglich sind. Für die Praxis sind die einfachen Ausdrücke für die symmetrisch auftretenden Koeffizienten zu bemerken, deren zahlenmäßige Angabe bei beliebig gestalteten Rahmenwerken als einzige Vorbereitung nur die Darstellung höchst einfacher Verschiebungspläne erfordert.

Nach Lösung der Gleichungen folgen φ_r nach Gl. (7), weiter $\vartheta_r = \varphi_r + \varphi_r'$ und $\alpha_i = -\nu_i - \vartheta_r$, die gesuchten Momente liefert dann Gl. (10). Diesen einfachen Zusammenhängen werden auch einfache Zahlenrechnungen entsprechen.

10. Beispiel mit statisch bestimmtem G-System.

Als Zahlenbeispiel wählen wir das in Abb. 10 dargestellte Rahmenwerk. Nach Aufhebung der Knotensteifigkeiten entsteht ein statisch bestimmtes System. Wir haben daher als einzige Grundkoordinaten die Knotendrehwinkel

ν_1, ν_2 und ν_3.

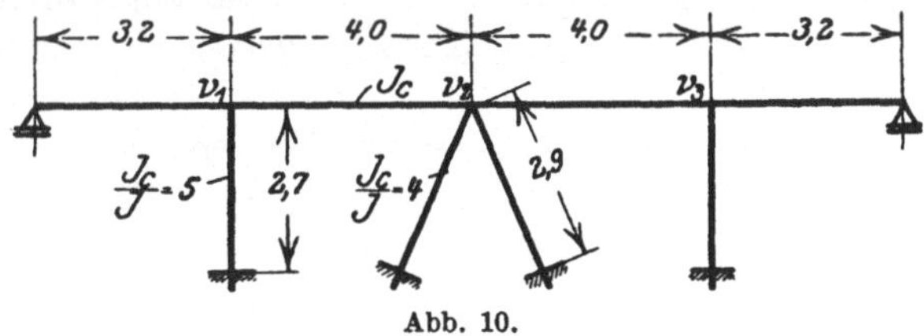

Abb. 10.

Das Trägheitsmoment des Balkens werde J_c gesetzt, ferner sei für die Seitenstäbe $\frac{J_c}{J} = 5$ und für die Mittelstiele $\frac{J_c}{J} = 4$. Dann hat man

$$h_1 \frac{J_c}{J} = 2{,}7 \cdot 5 = 13{,}5 \quad \text{und} \quad h_2 \frac{J_c}{J} = 2{,}9 \cdot 4 = 11{,}6\,,$$

$$a_{11} = \frac{3}{3{,}2} = 4\left(\frac{1}{13{,}5} + \frac{1}{4{,}0}\right) = 2{,}23\,, \quad a_{12} = \frac{2}{4{,}0} = 0{,}5\,,$$

$$a_{22} = 4\left(\frac{1}{4{,}0} + \frac{1}{11{,}6} + \frac{1}{11{,}6} + \frac{1}{4{,}0}\right) = 2{,}69\,, \quad a_{23} = 0{,}5\,.$$

$$a_{33} = a_{11} = 2{,}23\,.$$

Die Gl. (11a) lauten:

$$\begin{aligned} 2{,}23\,\nu_1 + 0{,}5\;\nu_2 \qquad\qquad &= L_1, \\ 0{,}5\;\nu_1 + 2{,}69\,\nu_2 + 0{,}5\;\nu_3 &= L_2, \\ 0{,}5\;\nu_2 + 2{,}23\,\nu_3 &= L_3. \end{aligned}$$

Die Auflösungen sind:

$$\begin{aligned} \nu_1 &= 0{,}4688\,L_1 - 0{,}0909\,L_2 + 0{,}0204\,L_3, \\ \nu_2 &= -0{,}0909\,L_1 + 0{,}4056\,L_2 - 0\,0909\,L_3, \\ \nu_3 &= 0{,}0204\,L_1 - 0{,}0909\,L_2 + 0{,}4688\,L_3. \end{aligned}$$

Hinsichtlich der Dimensionen ist folgendes zu bemerken: bei Ausrechnung der Koeffizienten der Gl. (11a) haben wir den Faktor $\frac{1}{E J_c}$ unterdrückt, daher stellen die erhaltenen Werte ν die $E J_c$ fachen Drehwinkel dar. Überhaupt werde bei Zahlenrechnungen folgende Regel beachtet: Man ersetze stets E durch $\frac{1}{J_c}$, dadurch erhalten wir in den Resultaten alle Formänderungen mit dem $E J_c$ fachen Betrage, dagegen alle Kraftgrößen unverändert. Zur Vermeidung von Vorzeichenfehlern beachte man ferner, daß mit Ausnahme der Knotendrehwinkel alle Winkeländerungen entgegen dem Drehsinn des Uhrzeigers positiv zu zählen sind, ebenso alle Momente an den Stabenden. Jede der Gleichungen (11a) ist einem freien Knoten zugeordnet und nur Stäbe, die von dem betreffenden Knoten ausgehen, kommen in Betracht. Der Index i ist bei einem Stab dem am betreffenden Knoten befindlichen Ende zugeordnet. Bei Ermittlung des zweiten Termes von L_{n+m} in Gl. (11b) ist es gleichgültig, welcher Endpunkt des Stabes mit i oder k bezeichnet wird.

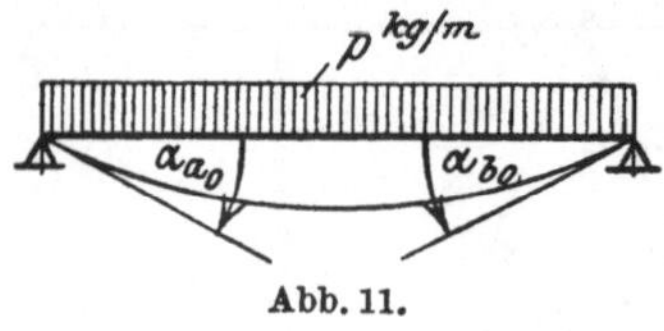

Abb. 11.

Es werde nun die zweite und vierte Öffnung des Rahmenwerks mit p_2 bzw. p_4 kg/m belastet. Für einen Stab ab (Abb. 11) gilt allgemein am linken Ende $\frac{\alpha_{a0}}{l_r'} = -\frac{p\,l_r^2}{24}$ und am rechten $\frac{\alpha_{b0}}{l_r'} = +\frac{p\,l_r^2}{24}$; hiermit erhält man:

$$L_1 = -\frac{p_2\,l_2^2}{24}(-4+2) = \frac{p_2\,l_2^2}{12},$$

$$L_2 = -\frac{p_2\,l_2^2}{24}(4-2) = -\frac{p_2\,l_2^2}{12},$$

$$L_3 = -\frac{p_4\,l_4^2}{24}(-3) = \frac{p_4\,l_4^2}{8},$$

$$\nu_1 = \frac{p_2 l_2^2}{12} \cdot 0{,}5597 + \frac{p_4 l_4^2}{8} \cdot 0{,}0204,$$

$$\nu_2 = -\frac{p_2 l_2^2}{12} \cdot 0{,}4965 - \frac{p_4 l_4^2}{8} \cdot 0{,}0909,$$

$$\nu_3 = \frac{p_2 l_2^2}{12} \cdot 0{,}1113 + \frac{p_4 l_4^2}{8} \cdot 0{,}4688.$$

Die Endmomente der Stäbe folgen jetzt aus den Gl. (10a) und (10b). Man findet z. B. am Balken des zweiten Feldes:

$$M_1 = -\left[\frac{4\nu_1 + 2\nu_2}{l_2} - \frac{p_2 l_2^2}{12}\right] \quad \text{und} \quad M_2 = -\left[\frac{4\nu_2 + 2\nu_1}{l_2} + \frac{p_2 l_2^2}{12}\right]$$

und erhält hiermit :

$$M_1 = 0{,}0577\, p_2 l_2^2 + 0{,}0020\, p_4 l_2^2,$$
$$M_2 = -0{,}0653\, p_2 l_2^2 + 0{,}0065\, p_4 l_2^2,$$

für die von p_2 abhängigen Glieder hat man auch $\frac{p_2 l_2^2}{17{,}3}$ bzw. $-\frac{p_2 l_2^2}{15{,}3}$, woraus der Grad der Einspannung zu ersehen ist.

11. Beispiel mit einer G-Kette von einfacher Bewegungsfreiheit.

Als weiteres Beispiel diene das in Abb. 12 dargestellte Rahmenwerk. Die beweglichen Lager ersetzen wir durch Auflagerstäbe, welche an den Knoten 0 und 3 starr angeschlossen sind, während wir uns den Balken in 0 und 3 gelenkig angeschlossen denken. Die zugehörige Stabkette besitzt einfache Bewegungsfreiheit, als Grundkoordinaten werden zunächst die Knotendrehwinkel ν_0 bis ν_3 und der Drehwinkel μ des linken Auflagerstabes gewählt. Die Länge der Auflagerstäbe bezeichnen wir mit l_m und das Trägheitsmoment mit J_m. Der Plan für die rechtwinklig gedrehten Geschwindigkeiten ist in Abb. 13 dargestellt, wir entnehmen demselben unter gleichzeitiger Benutzung von Formel (3):

$$\varphi_{mm} = 1, \quad \varphi_{4m} = 1, \quad \varphi_{5m} = 1,$$

$$\varphi_{1m} = \frac{5{,}4 - 1{,}9}{5{,}4} = 0{,}648, \quad \varphi_{2m} = \frac{3{,}5 - 10{,}5}{3{,}5} = -2{,}0, \quad \varphi_{3m} = 0{,}648.$$

Das Trägheitsmoment des Balkens sei J_c für, die Stäbe l_4 und l_5 sei $\frac{J_c}{J} = 3{,}2$, somit $l_4' = l_5' = 5{,}05 \cdot 3{,}2 = 16{,}2$.

Jetzt bestimmen wir die Koeffizienten der Gl. (11a) und (11b):

$$a_{00} = \frac{3}{l_m'}, \quad a_{01} = 0, \quad b_{0m} = \frac{3}{l_m'},$$

$$a_{11} = \frac{3}{5{,}4} + \frac{4}{16{,}2} + \frac{4}{3{,}5} = 1{,}95, \quad a_{12} = \frac{2}{3{,}5} = 0{,}57, \quad a_{22} = 1{,}95,$$

$$b_{1m} = \frac{3 \cdot 0{,}648}{5{,}4} + \frac{6 \cdot 1}{16{,}2} - \frac{6 \cdot 2{,}0}{3{,}5} = -2{,}7, \quad b_{2m} = -2{,}7, \quad b_{3m} = \frac{3}{l_m'},$$

$$c_{mm} = 2 \cdot \frac{3 \cdot 1^2}{l_m'} + 2\left(\frac{3 \cdot 0{,}648^2}{5{,}4} + \frac{12 \cdot 1^2}{16{,}2}\right) + \frac{12 \cdot 2{,}0^2}{3{,}5} = \frac{6}{l_m'} + 16{,}5.$$

Die dem Knoten 0 zugeordnete Gl. (11 a) lautet:

$$\frac{3}{l'_m}\nu_0 + \frac{3}{l'_m}\mu = L_0 = 0\,.$$

Hieraus folgt das auch sofort durch Anschauung zu gewinnende Resultat $\nu_0 = -\mu$.

Den Knoten 1 und 2 sind folgende Gleichungen zugeordnet:

$$1{,}95\,\nu_1 + 0{,}57\,\nu_2 - 2{,}70\,\mu = L_1,$$
$$0{,}57\,\nu_1 + 1{,}95\,\nu_2 - 2{,}70\,\mu = L_2.$$

Bei dem Ansatz der Gl. (11 b) findet man, daß wegen $\nu_0 = -\mu$ das Glied mit ν_0 wegfällt, man erhält:

$$-2{,}7\,\nu_1 - 2{,}7\,\nu_2 + 16{,}50\,\mu = L_3.$$

Man hätte also von vornherein die zu 0 und 4 gehörigen Gleichungen unter gleichzeitiger Nichtbeachtung der Auflagerstäbe unterdrücken können. Diese Regel wird nach späteren Betrachtungen als selbstverständlich erscheinen.

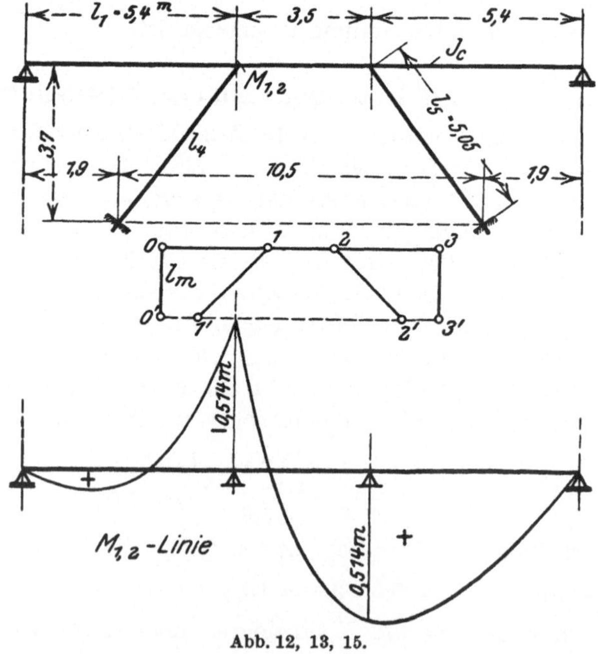

Abb. 12, 13, 15.

Die Auflösungen sind:

$$\nu_1 = 0{,}668\,L_1 - 0{,}057\,L_2 + 0{,}1\,L_3,$$
$$\nu_2 = -0{,}057\,L_1 + 0{,}668\,L_2 + 0{,}1\,L_3,$$
$$\mu = 0{,}1\,L_1 + 0{,}1\,L_2 + 0{,}093\,L_3.$$

Es soll nun der Einfluß einer über die linke Seitenöffnung wandernden Last P untersucht werden. Zunächst findet man leicht für die Endwinkel am isolierten Stab (Abb. 14):

$$\frac{\alpha_0}{l_r'} = \frac{P\,l}{6}\left(\frac{x}{l} - \frac{x^3}{l^3}\right) = \frac{P\,l}{6}\cdot\omega_D,^{1)}$$

$$\frac{\alpha_0'}{l_r'} = -\frac{P\,l}{6}\left(\frac{x'}{l} - \frac{x'^3}{l'}\right) = -\frac{P\,l}{6}\,\omega_D'.$$

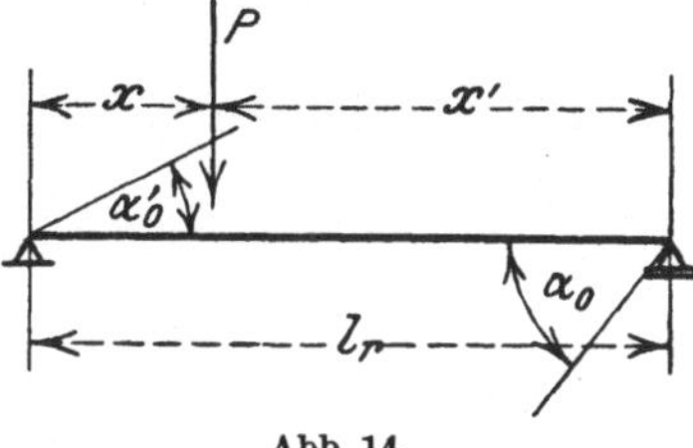

Abb. 14.

Wird nur die linke Seitenöffnung belastet, so hat man mit $z_{ii} = 3$ und $z_{ik} = 0$

$$L_1 = -\frac{3\,\alpha_{i0}}{l_1'} = -\frac{P l_1}{2}\,\omega_D \quad \text{und weiter} \quad L_2 = 0\,.$$

Um allgemein die Größe $A_{v\,m}$ der Gl. (11b) zu bestimmen, haben wir den Plan der gedrehten Geschwindigkeiten zu benutzen (Abb. 3).

Nach Zerlegung von P in die Komponenten $P\frac{x}{l}$ und $P\frac{x'}{l}$ hat man:

$$A_{v\,m} = -P\left(c_i\,\frac{x}{l} - c_k\,\frac{x'}{l}\right).$$

Dabei zähle man c_i in Richtung $i \to k$ und c_k in Richtung $k \to i$ positiv. In vorliegendem Beispiel ist $c_i = 3{,}5, c_k = 0$ und man hat:

$$L_3 = -P\frac{x}{l_1}\cdot 3{,}5 - 0{,}648\,\frac{P l_1}{2}\cdot\omega_D\,.$$

Die Auflösungen liefern jetzt:

$$\nu_1 = -\frac{P l_1}{2}\,\omega_D\cdot 0{,}733 - P\frac{x}{l_1}\cdot 0{,}35\,,$$

$$\nu_2 = -\frac{P l_1}{2}\,\omega_D\cdot 0{,}008 - P\frac{x}{l_1}\cdot 0{,}35\,,$$

$$\mu = -\frac{P l_1}{2}\,\omega_D\cdot 0{,}160 - P\frac{x}{l_1}\cdot 0{,}325\,.$$

Die Stabdrehwinkel erhält man aus $\vartheta_r = \varphi_r = \mu\cdot\varphi_{r\,m}$:

$$\vartheta_1 = \mu\cdot 0{,}648\,, \quad \vartheta_2 = -\mu\cdot 2{,}0\,, \quad \vartheta_3 = \mu\cdot 0{,}648\,,$$

$$3\vartheta_1 = -\frac{P l_1}{2}\,\omega_D\cdot 0{,}311 - P\frac{x}{l_1}\cdot 0{,}632\,,$$

$$6\vartheta_2 = +\frac{P l_1}{2}\,\omega_D\cdot 1{,}920 + P\frac{x}{l_1}\cdot 3{,}900\,,$$

$$3\vartheta_3 = -\frac{P l_1}{2}\,\omega_D\cdot 0{,}311 - P\frac{x}{l_1}\cdot 0{,}632\,.$$

---

[1]) Tafeln für die Zahlen ω_D und ω_D' findet man in der Graph. Statik von **Müller**, Breslau II, 2, Anhang.

Die Gl. (10a) und (10b) liefern jetzt:

$$l_1 M_{11} = -\left(3\nu_1 + 3\vartheta_1 + \frac{Pl_1^2}{2}\omega_D\right), \qquad M_{11} = P\left(-1{,}445\,\omega_D + 0{,}311\,\frac{x}{l_1}\right),$$

$$l_2 M_{12} = -(4\nu_1 + 2\nu_2 + 6\vartheta_2), \qquad M_{12} = P\left(0{,}793\,\omega_D - 0{,}514\,\frac{x}{l_1}\right),$$

$$l_2 M_{22} = -(4\nu_2 + 2\nu_1 + 6\vartheta_2), \qquad M_{22} = P\left(-0{,}326\,\omega_D - 0{,}514\,\frac{x}{l_1}\right),$$

$$l_3 M_{23} = -(3\nu_2 + 3\vartheta_3), \qquad M_{23} = P\left(0{,}167\,\omega_D + 0{,}311\,\frac{x}{l_1}\right).$$

Bei einer Belastung der Mittelöffnung hat man:

$$L_1 = -\left(\frac{4\,\alpha_{i0}}{l_2} + \frac{2\,\alpha_{k0}}{l_2}\right) = -\frac{Pl_2}{3}(\omega_D - 2\,\omega_D'),$$

$$L_2 = -\frac{Pl_2}{3}(2\,\omega_D' - \omega_D),$$

$$L_3 = P\cdot 3{,}5\left(\frac{x}{l} - \frac{x'}{l}\right) + 2{,}0\,Pl_2(\omega_D - \omega_D').$$

Hieraus folgt durch Einsetzen in die Auflösungen:

$$\nu_1 = -\frac{Pl_2}{3}(-0{,}046\,\omega_D - 0{,}679\,\omega_D') + P\cdot 0{,}35\left(\frac{x}{l_2} - \frac{x'}{l_2}\right),$$

$$\nu_2 = -\frac{Pl_2}{3}\,(0{,}679\,\omega_D + 0{,}046\,\omega_D') + P\cdot 0{,}35\left(\frac{x}{l_2} - \frac{x'}{l_2}\right),$$

$$\mu = Pl_2\cdot 0{,}086\,(\omega_D - \omega_D') + P\cdot 0{,}325\left(\frac{x}{l_2} - \frac{x'}{l_2}\right).$$

Für die Stabdrehwinkel erhält man:

$$3\vartheta_1 = Pl_2\cdot 0{,}167\,(\omega_D - \omega_D') + P\cdot 0{,}632\left(\frac{x}{l_2} - \frac{x'}{l_2}\right),$$

$$6\vartheta_2 = -Pl_2\cdot 1{,}032\,(\omega_D - \omega_D') - P\cdot 3{,}900\left(\frac{x}{l_2} - \frac{x'}{l_2}\right),$$

$$3\vartheta_3 = Pl_2\cdot 0{,}167\,(\omega_D - \omega_D') + P\cdot 0{,}632\left(\frac{x}{l_2} - \frac{x'}{l_2}\right).$$

Hiermit erhält man die Eckmomente:

$$l_1 M_{11} = -(3\,\nu_1 + 3\,\vartheta_1),$$

$$l_2 M_{12} = -\left(4\,\nu_1 + 2\,\nu_2 + 6\,\vartheta_2 + \frac{Pl_2^2}{3}(\omega_D - 2\,\omega_D')\right),$$

$$M_{11} = P\left(-0{,}213\,\omega_D - 0{,}512\,\omega_D' - 0{,}311\left(\frac{x}{l_2} - \frac{x'}{l_2}\right)\right),$$

$$M_{12} = P\left(0{,}257\,\omega_D + 0{,}427\,\omega_D' + 0{,}514\left(\frac{x}{l_2} - \frac{x'}{l_2}\right)\right),$$

$$M_{22} = P\left(-0{,}427\,\omega_D - 0{,}257\,\omega_D' + 0{,}514\left(\frac{x}{l_2} - \frac{x'}{l_2}\right)\right),$$

$$M_{23} = P\left(0{,}512\,\omega_D + 0{,}213\,\omega_D' - 0{,}311\left(\frac{x}{l_2} - \frac{x'}{l_2}\right)\right).$$

Bei der Bezeichnung der Eckmomente bezieht sich der erste Index auf den Knoten und der zweite auf den Stab. Die beiden letzten Werte haben wir mit Hilfe der Überlegung angeschrieben, daß M_{22} aus $-M_{12}$ und M_{23} aus $-M_{11}$ durch Vertauschung von x mit x' hervorgehen muß. Wir sind jetzt in der Lage, für jedes Eckmoment die Einflußlinien darzustellen; z. B. sind bei der M_{12}-Linie die 3 Zweige für die Öffnungen von links nach rechts:

$$\eta = 0{,}793\,\omega_D - 0{,}514\,\frac{x}{l_1}\,,$$

$$\eta = 0{,}257\,\omega_D + 0{,}427\,\omega_D' + 0{,}514\left(\frac{x}{l_2} - \frac{x'}{l_2}\right),$$

$$\eta = 0{,}326\,\omega_D' + 0{,}514\,\frac{x'}{l_3}\,.$$

Die in Abb. 15 dargestellte M_{12}-Linie läßt den starken Einfluß der Koordinate μ erkennen.

12. Darstellung von Einflußlinien.

Ein unmittelbarer Weg zur Darstellung von Einflußlinien ergibt sich durch folgende Betrachtung. Belastet man den Knoten i eines Rahmenwerks durch ein Moment 1 im Sinne des Uhrzeigers, so stellt nach dem Maxwellschen Satz die Projektion der bewirkten Verschiebung irgendeines einem Stabe angehörigen Punktes die Größe des Knotenwinkels ν_i infolge einer am Stabe in Richtung der Projektion angreifenden Kraft 1 dar oder kurz: die angegebene Belastung erzeugt die Einflußlinie für ν_i. Ebenso erzeugen zwei an den Knoten i und k wirkende Lasten $\frac{1}{l_r}$, die ein Kräftepaar vom Moment 1 bilden, die Einflußlinie für den Stabdrehwinkel ϑ_r. Die Einflußlinie für den in der Formel (10a) vorkommenden Ausdruck $\gamma = z_{ii}\,\nu_i + z_{ik}\,\nu_k + \zeta_i\,\vartheta_r$ wird daher durch eine Belastung erzeugt, die aus dem Moment z_{ii} am Knoten i, dem Moment z_{ik} am Knoten k und zwei Kräften von der Größe $\frac{\zeta_i}{l_r}$ an den Knoten i und k besteht. Fügt man dem einen zum Stab l_r gehörigen Zweig der γ-Linie noch den Betrag für das Glied $z_{ii}\alpha_{i0} + z_{ik}\cdot\alpha_{k0}$ hinzu, welcher sich einfach in der Form $\frac{l_r l_r'}{6}\,(z_{ii}\,w_D - z_{ik}\,w_D')$ darstellen läßt, wenn x vom Punkt k und x' vom Punkt i aus gemessen wird (Abb. 16), so erhält man nach Multiplikation mit $-\frac{1}{l_r'}$, die Einflußlinie für M_{ir}. Für die weitere Durchführung dieses Gedankenganges beachte man, daß die erzeugenden Lastgruppen nur an den Knoten angreifen. Wendet

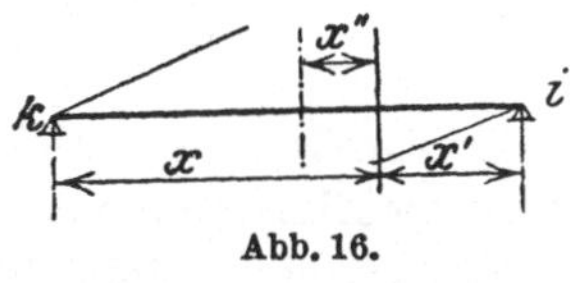

Abb. 16.

man darauf die Gleichungen (11a) und (11b) an, so beschränken sich die Werte von L_i und L_{n+m} lediglich auf die entsprechenden Beträge M_{i0} und A_{vm}. Zunächst sei vorausgesetzt, daß die Längenänderungen von Stäben vernachlässigbar sind. Wir erhalten hierdurch Werte $\overline{\nu_i}$ und $\overline{\mu_m}$ und im Anschluß daran für die einzelnen Stäbe $\overline{\vartheta_r} = \overline{\varphi_r} = \sum_{m=1}^{p} \overline{\mu_m}\, \varphi_{r\,m}$ nach Gl. (7), sowie die Endwinkel an den steif angeschlossenen Stabenden $\overline{\alpha_i} = -\overline{\nu_i} - \overline{\vartheta_r}$ bzw. $\overline{\alpha_k} = -\overline{\nu_k} - \overline{\vartheta_r}$. Durch diese Größen ist die Einflußlinie für $M_{i\,r}$, oder sind allgemein die Einflußzahlen bestimmt. An den Knotenpunkten finden wir die Einflußzahlen als die durch die Größen $\overline{\mu_m}$ bedingten und noch mit $-\frac{1}{l'_r}$ multiplizierten Knotenverschiebungen der Stabkette. In Abb. 17 haben wir die Komponenten der Einflußzahlen in den Knoten i und k lotrecht zur Achse des Stabes, der von i nach k führt, mit η_i und η_k bezeichnet. Den hierdurch bestimmten Teilbeträgen zu den Einflußzahlen der einzelnen Punkte eines Stabes ist noch die den Endwinkeln $\overline{\alpha_i}$ und $\overline{\alpha_k}$ entsprechende, von der Stabsehne aus gemessene und noch mit $-\frac{1}{l'_r}$ multiplizierte Biegungsordinate hinzuzufügen (Abb. 17). Für diesen Betrag liefert eine einfache Rechnung folgende Werte bei beiderseits steifem Anschluß:

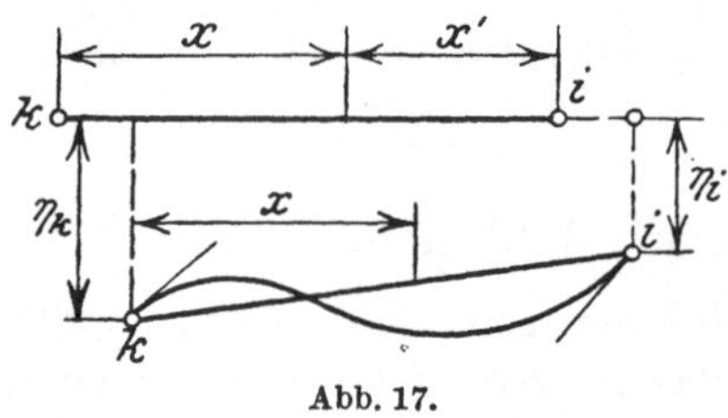

Abb. 17.

$$-\frac{1}{l'_r}\frac{x\,x'}{l^2}(\overline{\alpha_i}\,x - \overline{\alpha_k}\,x') = -\frac{l}{l'_r}(\overline{\alpha_i}\,\omega - \overline{\alpha_k}\,\omega'), \tag{12}$$

wobei

$$\omega = \frac{x^2\,x'}{l^3} = \omega_D - \omega_R, \qquad \omega' = \frac{x\,x'^2}{l^3} = \omega'_D - \omega_R.$$

Bei steifem Anschluß nur in i oder in k erhält man die Beträge:

$$-\frac{1}{2}\frac{l}{l'_r}\overline{\alpha_i}\,\omega_D \quad \text{bzw.} \quad +\frac{1}{2}\frac{l}{l'_r}\overline{\alpha_k}\,\omega'_D. \tag{13}$$

Die Größen l, $\overline{\alpha_i}$ und $\overline{\alpha_k}$ beziehen sich auf den Stab, für welchen der Zweig der Einflußlinie ermittelt wird und l'_r auf den Stab, dessen Moment $M_{i\,r}$ berechnet werden soll. Mit dem Index i bezeichne man bei Anwendung der Formeln jedesmal den Endpunkt, an welchem ein positiver Winkel $\overline{\alpha_i}$ im Sinne des positiven η ausschlägt.

Am Stabe l_r ist noch das Glied hinzuzufügen:

$$-\frac{l_r}{6}(z_{i\,i}\,\omega_D - z_{i\,k}\,\omega'_D). \tag{14}$$

Über die Dimensionen ist bei Zahlenrechnungen folgendes zu bemerken. Nach der früher getroffenen Festsetzung soll stets an Stelle von E der Betrag $\frac{1}{J_c}$ gesetzt werden. Dadurch erhält l'_r die Dimension einer Länge. Die erzeugende Lastgruppe besteht aus Momenten, die gleich Zahlen gesetzt sind, an Stelle von Kräften treten daher Größen mit der Dimension $\frac{1}{\text{kg } L}$. Daraus folgt aber für die Größen $\bar{\mu}$ die Dimension $E J_c \cdot \frac{1}{\text{kg } L}$, d. h. einer Länge, die an der Stabkette ermittelten Verschiebungen besitzen daher die Dimension L^2 und gehen durch Division mit l'_r in die Einflußzahlen mit der Dimension einer Länge über, wie es bei Momentenlinien zutreffend ist.

13. Beispiel.

Als Beispiel diene das in Abb. 18 dargestellte Rahmenwerk, an welchem die Einflußlinien für das Balkenmoment M_{33} und für das Fußmoment

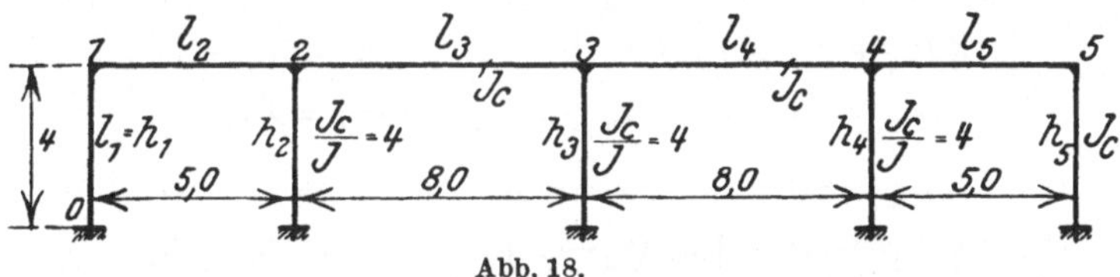

Abb. 18.

am Stiele h_2 ermittelt werden sollen. Das Trägheitsmoment der Balken und der beiden äußeren Stiele sei gleich J_c gesetzt, für die drei mittleren Stiele sei $\frac{J_c}{J} = 4$.

Wir haben $h'_2 = h'_3 = h'_4 = 16$ und erhalten:

$$a_{11} = 4\left(\frac{1}{4} + \frac{1}{5}\right) = 1,8\,, \qquad a_{12} = \frac{2}{5,0} = 0,4\,,$$

$$a_{22} = 4\left(\frac{1}{5} + \frac{1}{16} + \frac{1}{8}\right) = 1,55\,, \qquad a_{23} = \frac{2}{8,0} = 0,25\,,$$

$$a_{33} = 4\left(\frac{1}{8} + \frac{1}{16} + \frac{1}{8}\right) = 1,25\,.$$

Die Stabkette besitzt einfache Bewegungsfreiheit ($p = 1$), bei allen Stielen wird $\varphi_{r1} = 1$ und bei allen Balken wird $\varphi_{r1} = 0$. Hierdurch erhalten wir

$$b_{11} = 6 \cdot \frac{1}{4,0} = 1,5\,, \quad b_{21} = 6 \cdot \frac{1}{16} = 0,375\,, \quad b_{31} = 6 \cdot \frac{1}{16} = 0,375\,,$$

$$b_{41} = 0,375\,, \qquad b_{51} = 1,5\,,$$

$$c_{11} = 12\left(2 \cdot \frac{1^2}{4,0} + 3 \cdot \frac{1^2}{16}\right) = 8,25\,.$$

Die Gleichungen für die Grundkoordinaten lauten:

$$
\begin{aligned}
&1{,}8\,\nu_1 + 0{,}4\,\nu_2 + 1{,}5\,\mu_1 = L_1,\\
&0{,}4\,\nu_1 + 1{,}55\,\nu_2 + 0{,}25\,\nu_3 + 0{,}375\,\mu_1 = L_2,\\
&0{,}25\,\nu_2 + 1{,}25\,\nu_3 + 0{,}25\,\nu_4 + 0{,}375\,\mu_1 = L_3,\\
&0{,}25\,\nu_3 + 1{,}55\,\nu_4 + 0{,}4\,\nu_5 + 0{,}375\,\mu_1 = L_4,\\
&0{,}4\,\nu_4 + 1{,}8\,\nu_5 + 1{,}5\,\mu_1 = L_5,\\
&1{,}5\,\nu_1 + 0{,}375\,\nu_2 + 0{,}375\,\nu_3 + 0{,}375\,\nu_4 + 1{,}5\,\nu_5 + 8{,}25\,\mu_1 = L_6.
\end{aligned}
$$

Die Form dieser Gleichungen ist typisch, deshalb möge ihre Lösung eingehender erläutert werden. Wir bringen in den ersten 5 Gleichungen die Glieder mit μ_1 auf die rechte Seite und setzen $L_i - b_{i1}\cdot\mu_1 = L_i'$. Infolge der Symmetrie des Rahmenwerks weisen die Koeffizienten der Größe ν doppelte Symmetrie auf. Wir addieren und subtrahieren daher die erste und fünfte sowie die zweite und vierte Gleichung:

$$
\begin{aligned}
&1{,}8\,(\nu_1+\nu_5) + 0{,}4\,(\nu_2+\nu_4) = L_1' + L_5',\\
&0{,}4\,(\nu_1+\nu_5) + 1{,}55\,(\nu_2+\nu_4) + 0{,}5\,\nu_3 = L_2' + L_4',\\
&0{,}25\,(\nu_2+\nu_4) + 1{,}25\,\nu_3 = L_3',\\
&1{,}8\,(\nu_1-\nu_5) + 0{,}4\,(\nu_2-\nu_4) = L_1' - L_5',\\
&0{,}4\,(\nu_1-\nu_5) + 1{,}55\,(\nu_2-\nu_4) = L_2' - L_4'.
\end{aligned}
$$

Die Auflösung beider Gleichungssysteme ergibt:

$$
\begin{aligned}
\nu_1+\nu_5 &= 0{,}55556\,(L_1'+L_5') - 0{,}13468\,(L_2'+L_4') + 0{,}05387\,L_3',\\
\nu_2+\nu_4 &= -0{,}13468\,(L_1'+L_5') + 0{,}60606\,(L_2'+L_4') - 0{,}24242\,L_3',\\
\nu_3 &= 0{,}02694\,(L_1'+L_5') - 0{,}12121\,(L_2'+L_4') + 0{,}70842\,L_3',\\
\nu_1-\nu_5 &= 0{,}58936\,(L_1'-L_5') - 0{,}15209\,(L_2'-L_4'),\\
\nu_2-\nu_4 &= -0{,}15209\,(L_1'-L_5') + 0{,}68441\,(L_2'-L_4').
\end{aligned}
$$

Durch Additionen und Subtraktionen erhält man:

$$\nu_i = \sum_{\varrho=1}^{5} u_{i\varrho}\,L_\varrho', \quad i = 1, 2 \ldots 5,$$

wobei die Koeffizienten $u_{i\varrho}$ in nachfolgendem Schema zusammengestellt sind.

	L_1'	L_2'	L_3'	L_4'	L_5'
ν_1	0,5725	−0,1434	0,0269	0,0087	−0,0169
ν_2	−0,1434	0,6452	−0,1212	−0,0392	0,0087
ν_3	0,0269	−0,1212	0,7084	−0,1212	0,0269
ν_4	0,0087	−0,0392	−0,1212	0,6452	−0,1434
ν_5	−0,0169	0,0087	0,0269	−0,1434	0,5725

Setzen wir jetzt die Werte für L'_ϱ ein, so folgt:

$$\nu_i = \sum_{\varrho=1}^{5} u_{i\varrho} L_\varrho + v_{i1} \mu_1, \quad \text{wobei} \quad v_{i1} = -\sum_{\varrho=1}^{5} u_{i\varrho} b_{\varrho 1}. \tag{15}$$

Die sechste, bisher unbenutzte Gleichung lautet in allgemeinen Zeichen:

$$\sum_{i=1}^{5} b_{i1} \nu_i + c_{11} \mu_1 = L_6 .$$

Setzen wir hierin den Wert von ν_i ein, so folgt:

$$\sum_\varrho L_\varrho \cdot \sum_i u_{\varrho i} b_{i1} + \mu_1 \sum_i v_{i1} \cdot b_{i1} + c_{11} \mu_1 = L_6 .$$

Setzt man noch gemäß der Definition $\sum\limits_{i=1} u_{\varrho i} b_{i1} = -v_\varrho$ und wechselt bei dem ersten Glied den Summationsbuchstaben, so folgt zur Bestimmung von μ_1 die Gleichung:

$$\mu_1 \left(c_{11} + \sum_{i=1}^{5} v_{i1} b_{i1}\right) = \sum_{i=1}^{5} v_{i1} L_i + L_6 . \tag{16}$$

Man erhält:

$$v_{11} = v_{51} = -0{,}7930, \quad v_{21} = v_{41} = 0{,}0202, \quad v_{31} = -0{,}2554,$$

$$\sum_{i=1}^{5} v_{i1} b_{i1} = -2 \cdot 1{,}5 \cdot 0{,}7930 + 0{,}375\,(2 \cdot 0{,}0202 - 0{,}2554) = -2{,}4596,$$

$$c_{11} + \sum_i v_{i1} b_{i1} = 8{,}25 - 2{,}4596 = 5{,}7904 .$$

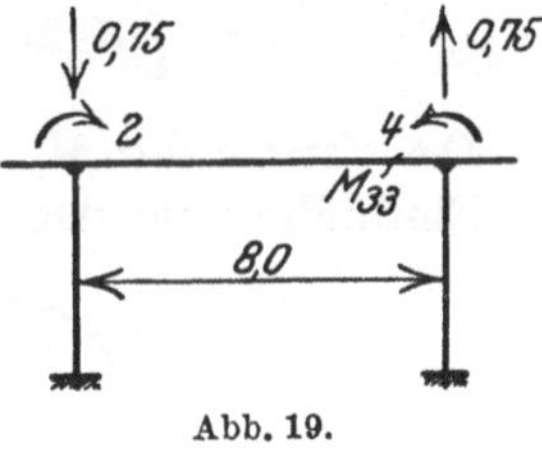

Abb. 19.

Einflußlinie für M_{33}: die erzeugende Belastung besteht aus den Momenten an den Knoten 3 und 2 vom Betrag 4 bzw. 2 und den Kräften $\frac{6}{8} = 0{,}75$ in den Knoten 3 und 2 (Abb. 19). Hierbei hat man

$$L_1 = L_4 = L_5 = 0, \quad L_2 = 2, \quad L_3 = 4, \quad L_6 = 0,$$

ferner

$$\sum_i v_{i1} L_i + L_6 = 0{,}0202 \cdot 2 - 0{,}2554 \cdot 4 = -0{,}9812,$$

$$\overline{\mu_1} = -\frac{0{,}9812}{5{,}7904} = -0{,}1695 .$$

Gl. (15) liefert jetzt:

$$\overline{\nu_1} = -0{,}1434 \cdot 2 + 0{,}0269 \cdot 4 + 0{,}7930 \cdot 0{,}1695 = -0{,}0448,$$

$$\overline{\nu_2} = 0{,}6452 \cdot 2 - 0{,}1212 \cdot 4 - 0{,}0202 \cdot 0{,}1695 = 0{,}8022,$$

$$\overline{\nu_3} = -0{,}1212 \cdot 2 + 0{,}7084 \cdot 4 + 0{,}2554 \cdot 0{,}1695 = 2{,}6345,$$

$$\overline{\nu_4} = -0{,}0392 \cdot 2 - 0{,}1212 \cdot 4 - 0{,}0202 \cdot 0{,}1695 = -0{,}5666,$$

$$\overline{\nu_5} = 0{,}0087 \cdot 2 + 0{,}0269 \cdot 4 + 0{,}7930 \cdot 0{,}1695 = 0{,}2594 .$$

Da die Stabdrehwinkel der Balken verschwinden, stellen die Werte $\bar{\nu}$ bereits die negativen Beträge der Tangentenwinkel dar. Gemäß den

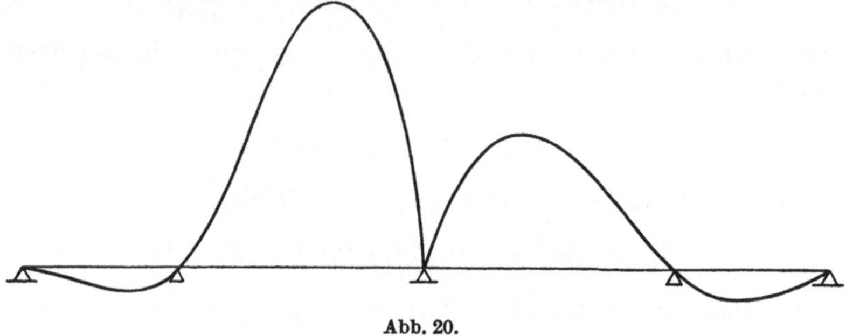

Abb. 20.

Formeln (12) und (14) schreiben wir daher für die vier Zweige der M_{33}-Linie folgende Gleichungen an:

$$\eta = \frac{5}{8}(0{,}8022\,\omega + 0{,}0448\,\omega'),$$

$$\eta = (2{,}6345\,\omega - 0{,}8022\,\omega') - \frac{8{,}0}{6}(4\,\omega_D - 2\,\omega_D'),$$

$$\eta = (-0{,}5666\,\omega - 2{,}6345\,\omega'),$$

$$\eta = \frac{5}{8}(0{,}2594\,\omega + 0{,}5666\,\omega').$$

Der Verlauf der M_{33}-Linie ist in Abb. 20 dargestellt.

Einflußlinie für das Kopfmoment am Stiel h_2 (Abb. 21):

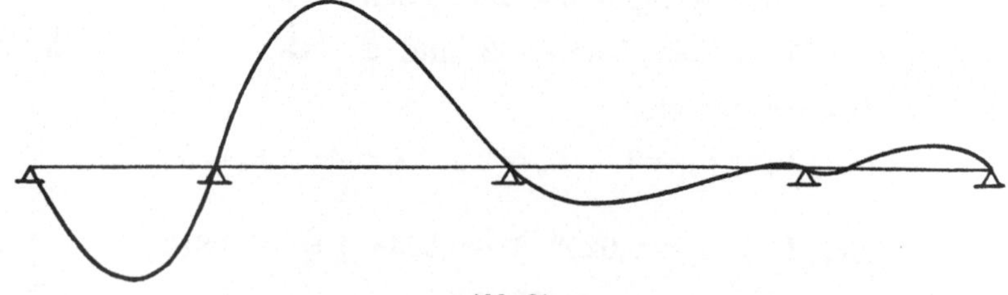

Abb. 21.

Die erzeugende Belastung besteht hier aus dem Moment vom Betrag 4 und der Einzellast $\frac{6}{h_2}$, beide am Knoten 2 angreifend (Abb. 22). Dabei ist $L_2 = 4$, $L_6 = 6$:

$$\sum_i v_i\,L_i + L_6 = 0{,}0202 \cdot 4 + 6 = 6{,}0808,$$

$$\overline{\mu_1} = \frac{6{,}0808}{5{,}7904} = 1{,}0502.$$

$$\bar{\nu}_1 = -0{,}1434 \cdot 4 - 0{,}7930 \cdot 1{,}0502 = -1{,}4064\,,$$
$$\bar{\nu}_2 = 0{,}6452 \cdot 4 + 0{,}0202 \cdot 1{,}0502 = 2{,}6020\,,$$
$$\bar{\nu}_3 = -0{,}1212 \cdot 4 - 0{,}2554 \cdot 1{,}0502 = -0{,}7530\,,$$
$$\bar{\nu}_4 = -0{,}0392 \cdot 4 + 0{,}0202 \cdot 1{,}0502 = -0{,}1356\,,$$
$$\bar{\nu}_5 = 0{,}0087 \cdot 4 - 0{,}7930 \cdot 1{,}0502 = -0{,}7980\,.$$

Diese Größen stellen an den Balken wieder die negativen Tangentenwinkel dar. Die 4 Zweige der Einflußlinie sind:

$$\eta = \frac{5}{16}(0{,}26020\,\omega + 1{,}4064\,\omega')\,,$$
$$\eta = \frac{8}{16}(-0{,}7530\,\omega - 2{,}6020\,\omega')\,,$$
$$\eta = \frac{8}{16}(-0{,}1356\,\omega + 0{,}7530\,\omega')\,,$$
$$\eta = \frac{5}{16}(-0{,}7980\,\omega + 0{,}1356\,\omega')\,.$$

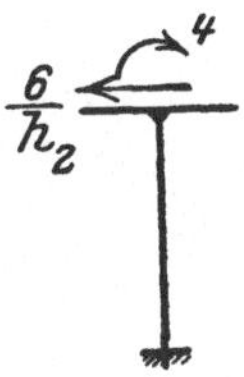

Abb. 22.

Die Neigung der Tangente an die Einflußlinie im Knoten 4 im negativen Sinn erklärt sich aus der Neigung der Stiele nach rechts.

Die bisher behandelten Beispiele mögen zunächst genügen, um die außerordentliche Fruchtbarkeit der Methode der Grundkoordinaten darzutun. Im nächsten Abschnitt werden wir uns der allgemeinen Theorie der zu ihrer Bestimmung dienenden Elastizitätsgleichungen zweiter Art zuwenden.

Vorher mögen einige neuere Abhandlungen erwähnt werden, die in gleicher Weise auf die primäre Bestimmung der Formänderung hinzielen.

Engesser[1]) bringt für einen mehrfachen Stockwerkrahmen mit lotrechten Pfosten und wagrechten Balken die Knotengleichungen (1) durch Einführung der Knoten- und Stabdrehwinkel auf die entsprechend spezialisierte Form der Gl. (11a). An Stelle der Gl. (2) wird in Anpassung an den Sonderfall ein äquivalentes System statischer Gleichungen so gewählt, daß bei Einführung der Winkelgrößen jede Gleichung außer Knotenwinkeln nur je einen Stabdrehwinkel enthält. Sie dienen zur Eliminierung der Stabdrehwinkel aus dem ersten Gleichungssystem. In der ausgesprochenen Absicht einer Lösung durch stufenweise Annäherung werden für die Drehung der einem Knoten benachbarten Knoten auf anschaulichem Wege Näherungswerte eingeführt und mit deren Hilfe aus der dem betrachteten Knoten zugeordneten Gleichung die erste Annäherung für dessen Drehwinkel gewonnen. Mit Benutzung dieser für die einzelnen Knotenwinkel gewonnenen Werte an Stelle der

[1]) Engesser: Die Berechnung der Stockwerkrahmen. Eisenbau 1920.

ersten Näherungsannahme werden durch abermalige Benutzung der Knotengleichungen die zweiten Annäherungen gefunden usw.

Besondere Beachtung verdienen die Arbeiten Ostenfelds, die auf eine systematische Bestimmung der Formänderungen hinzielen[1]). Die Ostenfeldsche Methode stützt sich auf folgenden Gedankengang:

Jeder Knoten eines elastischen Rahmenwerks führt eine dreifache Bewegung aus, zwei Verschiebungen und eine Drehung. Durch Anschluß der Knoten an feste Lager mit Hilfe von Zusatzgliedern, je zweier starrer Gelenkstäbe und eines Armes, der keine Drehung zuläßt, werden die Bewegungen der Knoten aufgehoben. Die einzelnen Rahmenstäbe erscheinen dadurch in den Enden an starre Widerlager angeschlossen und ihre Belastung erzeugt in den Zusatzgliedern Reaktionskräfte, die bei einem durch a gekennzeichneten Stab oder Arm mit Z_{a0} bezeichnet werden; erteilt man weiter dem Zusatzglied a die Längenänderung oder die Winkeldrehung von der Größe -1, so werden infolge der dadurch erzwungenen Verzerrung des Rahmenwerks in ihm, sowie in irgendeinem anderen mit b bezeichneten Zusatzglied die Kräfte oder Momente Z_{aa} und Z_{ab} erzeugt. Wird nun das Rahmenwerk belastet und werden zugleich beliebige Knotenverschiebungen und Drehungen erzwungen, so bildet Ostenfeld Kräfte und Momente in den Zusatzgliedern durch lineare Zusammensetzung:

$$Z_a = Z_{a0} - Z_{aa}\zeta_a - Z_{ab}\zeta_b - \cdots$$

Die wahren Knotenpunktsverschiebungen und Drehungen erfüllen die Bedingungen $Z_a = 0$.

Wird die Längenänderung der Rahmenstäbe vernachlässigt, so erscheint dadurch die oben erläuterte Bewegungsmöglichkeit der Knoten eingeschränkt, und es bedarf daher zu ihrer Festlegung einer geringeren Zahl von Zusatzgliedern.

Bei Benutzung von Grundkoordinaten zur Darstellung der Verschiebungen ζ_a, ζ_b ... führt der Ostenfeldsche Ansatz zu den Gl. (11a) und (11b).

Zur Kritik sei folgendes gesagt: Die Zusatzglieder müssen als Fiktionen aufgefaßt werden, denen ein bestimmtes physikalisches Verhalten nicht zugeschrieben werden kann, sie üben je nach Bedarf als starr zu denkende Körper Reaktionen aus, bald entsprechen ihren Kräften willkürlich vorgeschriebene Formänderungen; bei Formänderungen, welche den wahren Knotenverschiebungen entsprechen, sind sie spannungslos. Die lineare Superposition ist bei diesem Verhalten nicht zu begründen. Man erkennt aber, daß die Einführung solcher Zusatzglieder vermieden werden kann. Folgender Kern läßt sich heraussheben: Belastet man das gegebene Rahmenwerk mit äußeren

[1]) Ostenfeld: Die Deformationsmethode. Berlin: Julius Springer 1926.

Kräften und Momenten — wir bezeichnen sie mit Z — in Richtung der Verschiebungen oder Drehungen ζ, so mögen diese Lasten zusammen mit der gegebenen Belastung die Verschiebungen (Drehungen) $\zeta_a, \zeta_b \ldots$ erzeugen. Zwischen den Z und ζ bestehen lineare Beziehungen, denen man die Form des Ostenfeldschen Ansatzes geben kann. Bei der wirklichen Belastung und somit Formänderung sind die Lasten $Z = 0$.

Wohl durch die Einführung der Zusatzglieder veranlaßt, nennt Ostenfeld die Verschiebungskomponenten ζ überzählige Größen, bemerkt aber selbst, daß die Bezeichnung nicht besonders passend erscheint. Will man in der Tat bei den geometrischen Größen dem Begriff „überzählig" einen Sinn geben, so kann man damit nur zum Ausdruck bringen, daß diese Größen aus einer gewissen Zahl von Bestimmungsstücken (Koordinaten) geometrisch folgen, und daher neben letzteren bei der Definition einer geometrischen Figur überzählig sind. Die Größen ζ entsprechen aber gerade unsern Grundkoordinaten, sind also zur Beschreibung der deformierten Figur des Rahmenwerks notwendig und unterliegen als geometrisch nicht bestimmbar den durch die Elastizitätsgleichungen zweiter Art zum Ausdruck gebrachten statischen Gesetzen. Nach ihrer Ermittlung werden die „überzähligen" Formänderungen auf geometrischem Wege gefunden.

Bei dem kontinuierlichen Balken auf steif mit ihm verbundenen Pfosten führt W. Gehler[1]) die Knotendrehwinkel und den Drehwinkel des Pfostens als Unbekannte ein. Die Gleichgewichtsbedingung 2 läßt sich dabei durch die Gleichung der horizontalen Kräfte ersetzen.

V. Herleitung der Elastizitätsgleichungen zweiter Art aus dem Energieprinzip.

14. Die statischen Beziehungen für die Grundkoordinaten.

Die Sonderstellung, die in der vorigen Entwicklung den Längenänderungen Δl_r als Grundkoordinaten zukam, beruht auf der praktischen Tatsache, daß diese Größen entweder Null gesetzt werden durften oder als bekannt anzusehen waren. Damit war der große Vorteil verbunden, daß s Elastizitätsgleichungen zweiter Art überflüssig wurden und nur noch $3n - s$ aufzustellen waren. Bei den Elastizitätsgleichungen erster Art zieht bekanntlich das Verhalten der Längenänderungen keine Verminderung der Anzahl der Gleichungen nach sich. Um jedoch die nachfolgenden Entwicklungen allgemein zu halten, wollen wir vorerst von dieser bei den Rahmenwerken eintretenden Reduktion keinen Gebrauch machen. Wir nehmen an, es seien im ganzen ϱ Grundkoordinaten vorhanden und bezeichnen sie einheitlich

[1]) Gehler, W.: Der Rahmen. Ernst u. Sohn 1919.

mit $w_1, w_2 \ldots w_\varrho$. Zu ihrer Bestimmung führt das allgemeine Energieprinzip der Statik, wonach einer Gleichgewichtslage ein extremer Wert der Kräftefunktion des Systems: $A - \sum K y$ entspricht. Hierin bedeutet A das elastische Potential, d. h. die Formänderungsarbeit, die in Verzerrungskomponenten ausgedrückt zu denken ist, ferner ist y die in Richtung einer äußeren Kraft K gemessene Verschiebungskomponente des Angriffspunktes. Die Größen y sind als lineare Funktionen der Grundkoordinaten anzunehmen und können in der Form geschrieben werden:

$$y = y^{(0)} + y^{(1)} w_1 + y^{(2)} w_2 + \cdots y^{(\varrho)} \cdot w_\varrho . \tag{17}$$

Die Größe $y^{(m)}$ $(m = 1, 2 \ldots \varrho)$ ist als diejenige Verschiebungskomponente bestimmt, welche bei einem Verzerrungszustand des Systems auftritt, der durch $w_m = 1$ charakterisiert wird, während die übrigen w und die äußeren Kräfte K verschwinden; $y^{(0)}$ entsteht durch die äußeren Kräfte bei der gleichzeitigen Bedingung, daß alle w verschwinden. Obiges Prinzip liefert hiermit ϱ Gleichungen:

$$\frac{\partial A}{\partial w_m} - \sum K y^{(m)} = 0 , \qquad m = 1, 2 \ldots \varrho , \tag{18}$$

aus welchen das System der Gleichungen für die Grundkoordinaten hervorgeht.

15. Erläuterung am Fachwerk.

Zur Erläuterung der Gl. (18) diene zuerst ein möglichst durchsichtiges Beispiel. Ein Raumfachwerk mit überzähligen Stäben besitze n freie Knoten, dann ist der Verzerrungszustand durch die $\varrho = 3n$ Verschiebungskomponenten der freien Knoten nach den Richtungen der Achsen eines rechtwinkligen Koordinatensystems bestimmt und wir können sie zu Grundkoordinaten wählen. Bezeichnen wir noch die Komponenten der Knotenlasten nach Richtung der w_m mit P_m, so wird:

$$\sum K \cdot y = \sum_1^\varrho P_m w_m$$

und Gl. (18) geht über in

$$\frac{\partial A}{\partial w_m} - P_m = 0 . \tag{18a}$$

Für die Zunahme der Stablängen besteht die geometrische Beziehung:

$$\Delta l_r = \sum_{m=1}^{\varrho} \alpha_{rm} \cdot w_m , \tag{19}$$

wobei α_{rm} Null zu setzen ist, wenn m nicht ein den Enden von l_r zugeordneter Index ist, sonst aber den auf die Richtung von w_m bezogenen

Richtungskosinus des nach dem Knoten mit der Verschiebung w_m hinführenden Stabes bedeutet. Für die Formänderungsarbeit ist zu setzen:

$$A = \sum_{r=1}^{s} \frac{1}{2} S_r \cdot \Delta l_r = \sum \frac{c_r}{2} \Delta l_r^2 ,$$

wobei

$$c_r = \frac{E F_r}{l_r} .$$

Gl. (18a) liefert jetzt:

$$\sum_{r=1}^{s} c_r \Delta l_r \cdot \alpha_{rm} - P_m = 0 . \qquad (20)$$

Führt man Δl_r ein und setzt zur Abkürzung:

$$a_{mk} = \sum_{r=1}^{s} c_r \alpha_{rm} \cdot \alpha_{rk} ,$$

so hat man das Resultat:

$$\sum_{k=1}^{\varrho} a_{mk} \cdot w_k - P_m = 0 , \qquad m = 1, 2 \ldots \varrho . \qquad (21)$$

Dies sind für das Fachwerk die Elastizitätsgleichungen zweiter Art und man sieht leicht, daß sie die $\varrho = 3n$ Gleichgewichtsbedingungen an den freien Knoten ausdrücken. Die Methode kann bei hochgradig statisch unbestimmten Fachwerken mit $s \geqq 6n$ von Vorteil sein, zumal sich die Ermittlung der Stabkräfte aus den Grundkoordinaten einfach gestaltet.

16. Deutung als Gleichung der virtuellen Arbeit. Umformung.

Für die weitere Verwendung wollen wir zunächst der Gl. (18) eine anschauliche Form geben.

In dem Ausdruck für die Formänderungsarbeit:

$$A = \int \frac{M^2 \, dx}{2 E J} + \int \frac{N^2 \, dx}{2 E F}$$

setzen wir

$$M = E J \cdot k \quad \text{und} \quad N = E F \cdot \varepsilon , \qquad (22)$$

wobei $k = \frac{d\varphi}{dx}$ die Krümmung und $\varepsilon = \frac{d \Delta x}{dx}$ die Dehnung bedeute, hierdurch erhalten wir in Verzerrungskomponenten:

$$A = \int \frac{E J k^2}{2} \cdot dx + \int \frac{E F \varepsilon^2}{2} dx .$$

k und ε können nach dem Vorbild der Gl. (17) als lineare Funktionen der Grundkoordinaten gedacht werden, wodurch wir mit Benutzung von (22) der Gl. (18) die Form geben:

$$\int M \, k^{(m)} \, dx + \int N \, \varepsilon^{(m)} \, dx = \sum K \cdot y^{(m)} . \qquad (23)$$

Sie stellt eine Arbeitsgleichung dar, in welcher die Größen $y^{(m)}$, $k^{(m)}$ und $\varepsilon^{(m)}$ dem Verzerrungszustand $w_m = 1$ entsprechen, während K, M und N dem wirklichen Kräftezustand angehören.

Wir haben somit den Satz:

Die Elastizitätsgleichungen für die Grundkoordinaten w_m werden durch Anwendung der Arbeitsgleichung auf den wirklichen Lastzustand und die Verzerrungszustände $w_m = 1$ erhalten.

Dem Verzerrungszustand $w_m = 1$ mögen nun an einem Stabe die Momente $M_i^{(m)}$, $M_k^{(m)}$ und die Normalkraft $N^{(m)}$ entsprechen, dann haben wir:

$$k^{(m)} = \frac{1}{EJ}\left(M_i^{(m)} \cdot \frac{x}{l_r} - M_k^{(m)} \cdot \frac{x'}{l_r}\right),$$

sowie

$$\varepsilon^{(m)} = \frac{1}{EF} \cdot N^{(m)}.$$

Der Stab liefert daher zu der linken Seite der Gl. (23) den Beitrag:

$$M_i^{(m)} \int \frac{M}{EJ} \frac{x}{l_r}\, dx - M_k^{(m)} \int \frac{M}{EJ} \frac{x'}{l_r}\, dx + N^{(m)} \int \frac{N dx}{EF},$$

wofür wir auch setzen dürfen:

$$M_i^{(m)} \cdot \alpha_i + M_k^{(m)} \cdot \alpha_k + N^{(m)} \cdot \Delta l_r.$$

Gl. (23) geht dann über in:

$$\sum_r (M_i^{(m)} \cdot \alpha_i + M_k^m \alpha_k + N^{(m)} \cdot \Delta l_r) = \sum K y^{(m)}. \tag{24}$$

Hiermit ist die linke Seite explizit durch jene drei Größen dargestellt, die wir im Abschnitt 4 als Stabkoordinaten bezeichnet haben und die sich in einfacher Weise durch Grundkoordinaten ausdrücken lassen.

Bevor wir jedoch die Elastizitätsgleichungen herleiten, wollen wir auf die allgemeinere Bedeutung der Gl. (23) hinweisen. Als Arbeitsgleichung gilt sie für beliebige Kräfte M, N und K, die nur die Bedingung der statischen Vereinbarkeit zu erfüllen haben. Wir können z. B. M und N deuten als Kräfte, die durch Temperatur entstehen, wobei die äußeren Kräfte K gleich Null sind. Sind jetzt $\alpha_{i,\,t}$, $\alpha_{k,t}$ und $\Delta l_{r,t}$ die Größen, welche bei dem frei isolierten Stabe durch die Einwirkung der Temperatur entstehen würden, so ist bei dem Übergang von Gl. (23) zu (24) zu setzen:

$$\int \frac{M}{EJ} \frac{x}{l_r}\, dx = \alpha_i - \alpha_{i,t}; \quad -\int \frac{M}{EJ} \frac{x'}{l_r}\, dx = \alpha_k - \alpha_{x,t}$$

und

$$\int \frac{N dx}{EF} = \Delta l_r - \Delta l_{r,t}.$$

Hierdurch erhält man die zur Temperaturberechnung der Rahmenwerke dienende Gleichung:

$$\Sigma(M_i^{(m)}\alpha_i + M_k^{(m)}\alpha_k + N^{(m)}\Delta l_r) = \Sigma(M_i^{(m)}\alpha_{i,t} + M_k^{(m)}\alpha_{k,t} + N^{(m)}\Delta l_{r,t}). \quad (25)$$

17. Erläuterung am Fachwerk mit gegliederten Stäben.

Zur Erläuterung diene wieder das vorher behandelte Fachwerk, bei welchem wir aber jetzt fachwerkartig gegliederte Stäbe annehmen wollen (Abb. 23). Zur Herstellung der kinematischen Bestimmtheit ist ein solcher Stab noch durch einen die Achse nicht schneidenden Stab mit einem dritten Punkt des Systems verbunden zu denken, doch werde der Einfachheit wegen angenommen, daß die an einem gegliederten Stab angreifende Lastgruppe kein Drehmoment um dessen Achse besitze. Wir könnten nun entsprechend der vermehrten Knotenzahl die Zahl der Grundkoordinaten erhöhen, oder wir behalten die bisherigen Grundkoordinaten und denken die Knotenverschiebungen des gegliederten Stabes durch dieselben ausgedrückt. Dies entspricht durchaus dem Vorgehen bei Aufstellung der Elastizitätsgleichungen erster Art an einem statisch unbestimmten Hauptsystem, in der Absicht, die Zahl der Unbekannten zu vermindern. Wie man dort das statisch unbestimmte Hauptsystem als gelöste Aufgabe ansieht, so betrachtet man hierfür den Teil des Systems, an welchem man die Verzerrungskoordinaten unterdrückt, Formänderung und innere Kräfte infolge irgendwelcher Ursachen als bereits angebbar.

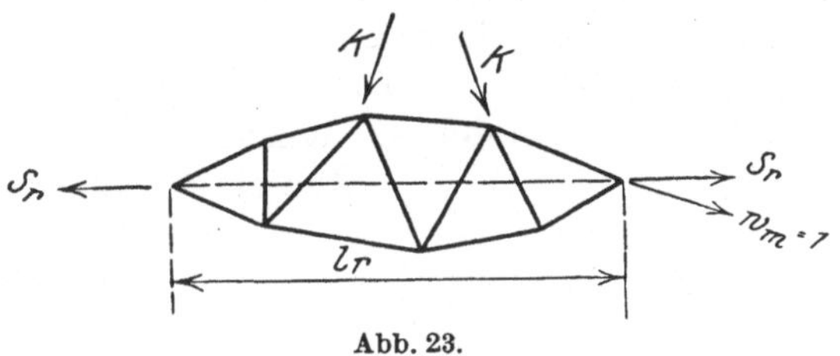

Abb. 23.

Bei dem Verzerrungszustand $w_m = 1$ möge der gegliederte Stab die Kraft $S_r^{(m)}$ übertragen und seine Einzelstäbe die Kräfte $S^{(m)} = S' \cdot S_r^{(m)}$ aufnehmen. S' bedeutet dabei die Stabkraft infolge zweier an den Endknoten in Richtung der Achse auf Zug wirkenden Kräfte von der Größe 1. Bedeutet S dann noch die wirkliche Stabkraft in einem Einzelstab, so ist der Beitrag des gegliederten Stabes zur virtuellen Arbeit: $S_r^{(m)} \cdot \Sigma S S' \frac{l}{EF}$ oder, weil die Summe die wirkliche Verlängerung der Stabachse darstellt, gleich $S_r^{(m)} \cdot \Delta l_r$, dies entspricht vollständig dem dritten Term der Gl. (24). Zu $S_r^{(m)}$ selbst gelangt man durch die Bemerkung, daß nach Gl. (18) aus $w_m = 1$ $\Delta l_r^{(m)} = \alpha_{rm}$ folgt, woraus man schließt:

$$S_r^m \cdot \Sigma S'^2 \frac{l}{EF} = \alpha_{rm}.$$

Bestimmen wir noch, daß wie früher bei einem gewöhnlichen Stab

$$c_r = \frac{EF}{l_r}$$

und bei einem gegliederten Stab

$$c_r = \frac{1}{\Sigma S'^2 \frac{l}{EF}}$$

gesetzt werde, so erhalten wir formale Übereinstimmung mit den Gl. (20) und (21), in welchen an Stelle von P_m der allgemeinere Wert $\sum K y^{(m)}$ zu setzen ist. Diesen findet man am schnellsten mit Hilfe des von Betti aufgestellten Reziprozitätssatzes. Man denke sich die Lasten K an einem gegliederten Stab auf irgendeine mögliche Art statisch auf die Endknoten verteilt.

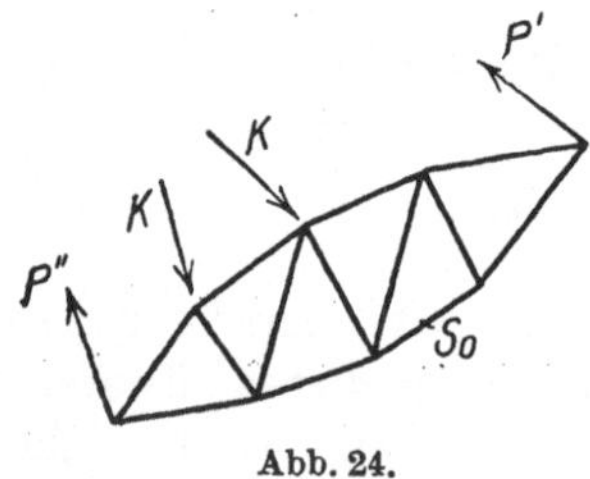

Abb. 24.

Sind P' und P'' diese Knotenlasten, so werden also die umgekehrten Kräfte P' und P'' (Abb. 24) den Kräften K am isoliert gedachten Stabe das Gleichgewicht halten und mit diesen zugleich in den Einzelstäben Kräfte S_0 erzeugen, woraus weiter die Längenänderung $\Delta l_{r,0}$ der Stabachse folge. Nach dem erwähnten Satz gilt dann:

$$\sum K_y^{(m)} - P' \cdot 1 \cdot \cos\gamma = S_r^{(m)} \Delta l_{r,0},$$

weil zugleich den Kräften $K P'$ und P'' die Verschiebung Δl_{r0} und den Kräften $S_r^{(m)}$ die Verschiebungen $w_m = 1$ und $y^{(m)}$ entsprechen. Ein gegliederter Stab liefert daher zur Gesamtsumme $\Sigma K y^{(m)}$ den Beitrag:

$$P' \cos\gamma + S_r^{(m)} \cdot \Delta l_{r,0} = P' \cos\gamma + c_r \Delta l_{r,0} \cdot \alpha_{rm}.$$

Hieraus läßt sich folgende Regel herleiten: Man verteile die mittelbaren Lasten statisch auf die Knoten und füge in den Endknoten zwei entgegengesetzte in Richtung der Stabachse wirkende Kräfte vom Betrag $c_r \Delta l_{r,0}$ hinzu und behandle hierauf das Fachwerk wie ein solches mit gewöhnlichen Stäben. Die hiermit bestimmten Knotenlasten lassen sich auch leicht als diejenigen Kräfte deuten, welche der gegliederte Stab bei im Raum festgehaltenen Endknoten auf diese übertragen würde. Wird ferner ein Stab um t^0 gleichmäßig erwärmt und bedeutet γ den Ausdehnungskoeffizienten, so zeigt Gl. (25), daß man einfach $\Delta l_{r,0}$ zu ersetzen hat durch

$$\Delta l_{r,t} = \gamma \cdot t \cdot l_r.$$

18. Definitive Form der Arbeitsgleichung. Herleitung der Elastizitätsgleichungen zweiter Art durch Einführung der Grundkoordinaten.

Das allgemeine Lastglied der Gl. (23) oder (24) gestattet noch eine Umformung. Die Verschiebung y eines Lastangriffspunktes läßt sich als Summe zweier Teile auffassen, die den Verschiebungen der Stäbe als starre Elemente, und zweitens deren Formänderung entsprechen. Dieser zweite Bestandteil möge mit η bezeichnet werden. Insbesondere sind durch $w_m = 1$ die Größen $y^{(m)}$, gewisse Stabverschiebungen, sowie $\eta^{(m)}$ bedingt. Ferner entstehen bei diesem Verzerrungszustand in den Stäben die Endmomente $M_i^{(m)}$, $M_k^{(m)}$ und die Normalkraft $N^{(m)}$ Zum Ansatz einer Arbeitsgleichung werde weiter dem Rahmenwerk ein gewisser Lastzustand zugeordnet. Wir denken uns nämlich zu den äußeren Lasten K an den Endknoten jedes Stabes solche Kräfte $P_{i,r}$ und $P_{k,r}$ hinzugefügt, welche den Kräften am isolierten Stabe das Gleichgewicht halten würden (Abb. 25). Dann gilt zunächst:

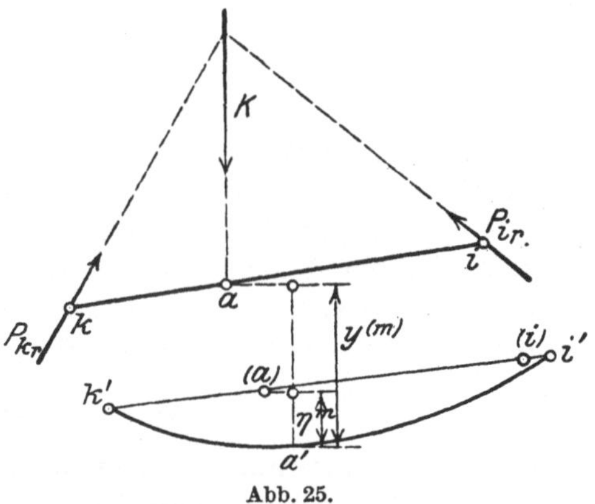

Abb. 25.

$$\sum K\, y^{(m)} + \text{Arbeit aller } (P_{i,r}, P_{k,r}) = \sum K \cdot \eta^{(m)},$$

weil derjenige Teil von $\Sigma K\, y^{(m)}$, welcher von der Bewegung des Stabes als starres Glied herrührt, zusammen mit der Arbeit der Kräfte $P_{i,r}$ und $P_{k,r}$ aus statischen Gründen Null ergibt. $\Sigma K \eta^{(m)}$ dürfen wir aber an dem isolierten, statisch bestimmt gestützten Stab ermitteln (vgl. Abb. 26). Die Kräfte K, $P_{i,r}$ und $P_{k,r}$ mögen an ihm die Drehwinkel $\alpha_{i,0}$ und $\alpha_{k,0}$ sowie die Verlängerung $\Delta l_{r,0}$ bewirken, sowie das Moment M_0 und die Normalkraft N_0. Dieser Kräftezustand kombiniert mit den am Stabe durch $M_i^{(m)}$, $M_k^{(m)}$ und $N^{(m)}$ erzeugten Formänderungen liefert die Arbeitsgleichung:

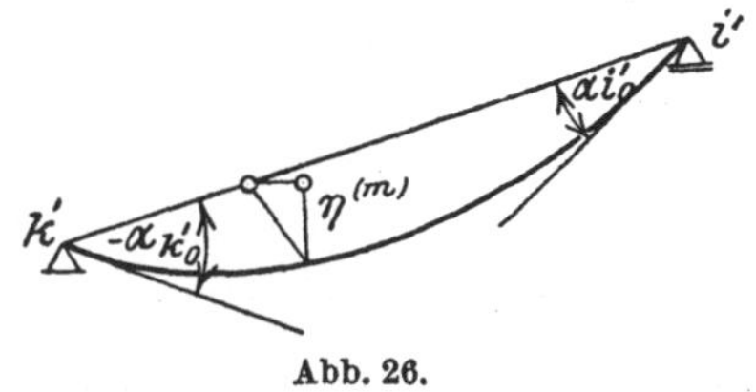

Abb. 26.

$$\sum K\, \eta^{(m)} = \int M_0 \left(M_i^{(m)} \frac{x}{l_r} - M_k^{(m)} \frac{x'}{l_r} \right) \frac{dx}{EJ} + \int N_0\, N^{(m)} \frac{dx}{EF}$$

oder nach einfacher Umformung:

$$\sum K\,\eta^{(m)} = M_i^{(m)}\,\alpha_{i,0} + M_k^{(m)}\cdot\alpha_{k,0} + N^{(m)}\,\Delta l_{r,0}\,.$$

Indem wir noch den negativen Betrag der Arbeit der vorhin eingeführten Kräfte $P_{i,r}$ und $P_{k,r}$ aus einem sofort zu besprechenden Grunde gleich $A_v^{(m)}$ setzen, geht Gl. (24) über in:

$$\sum(M_i^{(m)}\,\alpha_i + M_k^{(m)}\cdot\alpha_k + N^{(m)}\cdot\Delta l_r)$$

$$= A_v^{(m)} + \sum_r (M_i^{(m)}\,\alpha_{i,0} + M_k^{(m)}\cdot\alpha_{k,0} + N^{(m)}\,\Delta l_{r,0})\,. \qquad (26)$$

Kehren wir den Richtungssinn der Kräfte $P_{i,r}$ und $P_{k,r}$ um, so bedeutet dies eine statische Verteilung der gegebenen Kräfte K auf die Knoten, und die mit $A_v^{(m)}$ bezeichnete Arbeit entspricht diesen Knotenlasten bei Verschiebungen, die im Verein mit den früher eingeführten Drehwinkeln ϑ_r auftreten. Bei dem Verzerrungszustand $w_m = 1$ bezeichnen wir diese Drehwinkel mit $\vartheta_r^{(m)}$. Allgemein war

$$\vartheta_r = \varphi_r + \varphi_r'\,.$$

Je nachdem wir nun als Grundkoordinaten eine der Größen ν und μ oder ein Δl_r wählen, wird bei dem entsprechenden Verzerrungszustand $w = 1$ φ_r' oder φ_r gleich Null. Diese Winkel gelangten bereits früher im Abschnitt 3 zur Darstellung. Bedeutet w einen Knotendrehwinkel ν_i, so wird für $w = 1$ auch $\varphi_r = 0$. In diesem Fall besteht der ganze Bewegungszustand der kinematischen Kette G_1 in einer unbehinderten Drehung des als Knoten gedachten Bolzens um den Winkel von der Größe 1 im Sinne des Uhrzeigers. Dabei ist einfach $A_v^{(m)} = M_{i0} = P\cdot c$ (Abb. 1). Diese Größe trat bereits in Gl. (1) auf. Wählen wir $w_m = \mu_m$, so wird $A_v^{(m)} = A_{v,m}$, d. h. gleich der Größe, die schon in Gl. (2) auftrat. Verzerrungszustände $\Delta l_r = 1$ brauchen wir hier nicht zu betrachten, da wir nach den Ausführungen des dritten Abschnittes zur Bestimmung der Δl_r keine Elastizitätsgleichungen benötigen.

Bei Herleitung der Gl. (11a) und (11b) aus Gl. (26) haben wir immer $N^{(m)} = 0$. Die Koeffizienten $M_i^{(m)}$ und $M_k^{(m)}$ finden wir mit Hilfe der Gl. (10a) und (10b), die nach Unterdrückung der Lastglieder $\alpha_{i,0}$ und $\alpha_{k,0}$ und zugleich wegen $\varphi_r' = 0$ sowie $\varphi_r = \sum_{m=1}^{p} \mu_m\,\varphi_{rm}$ übergehen in:

$$l_r'\cdot M_i = -\left(z_{ii}\,\nu_i + z_{ik}\,\nu_k + \zeta_i \sum_{m=1}^{p} \mu_m\,\varphi_{rm}\right),$$

$$l_r'\cdot M_k = -\left(z_{ik}\,\nu_i + z_{kk}\,\nu_k + \zeta_k \sum_{m=1}^{p} \mu_m\,\varphi_{rm}\right),$$

für den Verzerrungszustand $\nu_i = 1$ gilt hiernach:

$$M_i^{(i)} = -\frac{z_{ii}}{l_r'}, \qquad M_k^{(i)} = -\frac{z_{ik}}{l_r'}$$

und für den Verzerrungszustand $\mu_m = 1$ hat man:

$$M_i^{(m)} = -\frac{\zeta_i}{l_r'} \cdot \varphi_{rm}, \quad M_k^{(m)} = -\frac{\zeta_k}{l_r'} \cdot \varphi_{rm}.$$

Zum Schluß drücken wir noch α_i und α_k durch die Grundkoordinaten aus:

$$\alpha_i = -\nu_i - \sum_{m=1}^{p} \mu_m \varphi_{rm} - \varphi_r',$$

$$\alpha_k = -\nu_k - \sum_{m=1}^{p} \mu_m \varphi_{rm} - \varphi_r'.$$

Hiermit geht das Gleichungssystem (26) unmittelbar in die Elastizitätsgleichungen (11a) und (11b) über.

19. Stäbe mit veränderlichem Querschnitt.

Besitzt ein Rahmenwerk Stäbe mit veränderlichem Querschnitt, so bleibt die Form der Gl. (11a) und (11b) vollständig erhalten, lediglich die Werte l_r' und die Zahlen z und ζ sind bei solchen Stäben zu modifizieren.

Wir bezeichnen die Entfernung eines Stabelementes von den Endpunkten i und k mit x' und x (Abb. 16), weiter verstehen wir unter J_r ein beliebiges, dem Stab zugeordnetes Trägheitsmoment und setzen $l_r' = \frac{l_r}{EJ_r}$. Weiter werde $x = \xi \cdot l_r$ und $x' = \xi' \cdot l_r$ gesetzt. Der Schwerpunkt der mit der veränderlichen „Masse" pro Längeneinheit: $\frac{J_r}{J}$ belegten Stabachse befinde sich bei $x_0 = \xi_0 \cdot l_r$ bzw. $x_0' = \xi_0' \cdot l_r$. Schließlich werde noch $\frac{dx}{l_r} \cdot \frac{J_r}{J} = dw$ gesetzt.

Für die Sehnentangentenwinkel in i und k gelten die Ausdrücke:

$$\left.\begin{aligned} \alpha_i &= M_i l_r' \int \xi^2 dw - M_k l_r' \int \xi \xi' dw + \alpha_{i0} \\ \alpha_k &= -M_i l_r' \int \xi \xi' dw + M_k l_r' \int \xi'^2 dw + \alpha_{k0}. \end{aligned}\right\} \qquad (27)$$

Setzen wir:

$$x_0 - x = x' - x_0' = x'' = \xi'' \cdot l_r,$$

so erhält man damit:

$$\begin{aligned} \int \xi^2 dw &= \xi_0^2 \int dw + \int \xi''^2 dw, \\ \int \xi'^2 dw &= \xi_0'^2 \int dw + \int \xi''^2 dw, \\ \int \xi \xi' dw &= \xi_0 \xi_0' \int dw - \int \xi''^2 dw. \end{aligned}$$

Führt man diese Werte in die Gl. (27) ein, addiert die mit ξ_0' multiplizierte erste zu der mit ξ_0 multiplizierten zweiten Gleichung und subtrahiert man weiter die zweite von der ersten, so folgt:

$$\xi_0' \alpha_i + \xi_0 \alpha_k = (M_i + M_k)\, l_r' \int \xi''^2\, dw + \xi_0' \alpha_{i0} + \xi_0 \alpha_{k0},$$
$$\alpha_i - \alpha_k = M_i\, l_r' \cdot \xi_0 \int dw - M_k\, l_r'\, \xi_0' \int dw + \alpha_{i0} - \alpha_{k0}.$$

Löst man nach M_i und M_k auf, so erhält man mit Benutzung der Abkürzungen:

$$\left.\begin{aligned} a &= \frac{\xi_0'^2}{\int \xi''^2\, dw} + \frac{1}{\int dw} \\ b &= \frac{\xi_i^2}{\int \xi''^2\, dw} + \frac{1}{\int dw} \\ c &= \frac{\xi_0 \xi_0'}{\int \xi''^2\, dw} - \frac{1}{\int dw} \end{aligned}\right\}, \tag{28}$$

$$\left.\begin{aligned} M_i\, l_r' &= a\,(\alpha_i - \alpha_{i0}) + c\,(\alpha_k - \alpha_{k0}) \\ M_k\, l_r' &= c\,(\alpha_i - \alpha_{i0}) + b\,(\alpha_k - \alpha_{k0}) \end{aligned}\right\}. \tag{29}$$

Diese Gleichungen entsprechen den Gl. (10); setzen wir weiter:

$$\alpha_i = -\nu_i - \vartheta_r \quad \text{und} \quad \alpha_k = -\nu_k - \vartheta_r,$$

so findet man die den Gl. (10a) und (10b) entsprechenden Ausdrücke:

$$M_i\, l_r' = -(z_{ii}\, \nu_i + z_{ik}\, \nu_k + \zeta_i\, \vartheta_r) + M_i^0\, l_r', \tag{30a}$$
$$M_k\, l_r' = -(z_{ik}\, \nu_i + z_{kk}\, \nu_k + \zeta_k\, \vartheta_r) + M_k^0\, l_r'. \tag{30b}$$

Hierbei bedeuten, sofern steife Knotenanschlüsse vorliegen, die Ausdrücke:

$$M_i^0 = -\frac{1}{l_r'}(z_{ii}\, \alpha_{i0} + z_{ik}\, \alpha_{k0}) \quad \text{und} \quad M_k^0 = -\frac{1}{l_r'}(z_{ik}\, \alpha_{i0} + z_{kk}\, \alpha_{k0}) \tag{31}$$

die Momente bei starrer Einspannung an unbeweglich gedachten Lagern.

Die Zahlen z und ζ sind in folgender Tabelle zusammengestellt:

	z_{ii}	z_{ik}	z_{kk}	ζ_i	ζ_k	ζ_r'
1	a	c	b	$a+c$	$b+c$	$a+b+2c$
2	$a-\frac{c^2}{b}$	0	0	$a-\frac{c^2}{b}$	0	$a-\frac{c^2}{b}$
3	0	0	$b-\frac{c^2}{a}$	0	$b-\frac{c^2}{a}$	$b-\frac{c^2}{a}$
4	0	0	0	0	0	0

(32)

Die Zeilen 1 bis 4 dieser Tabelle gelten je nachdem steife Knotenanschlüsse in i und in k, nur in i, nur in k oder überhaupt nicht vorhanden sind.

Bei Benutzung dieser Zahlen bestehen die Gl. (11a) und (11b) in unveränderter Form.

Als Beispiel diene ein Stab mit rechteckigem Querschnitt von konstanter Breite und parabolisch von der Mitte nach den Enden anwachsender Höhe (Abb. 27). J_r sei das Trägheitsmoment in der Mitte.

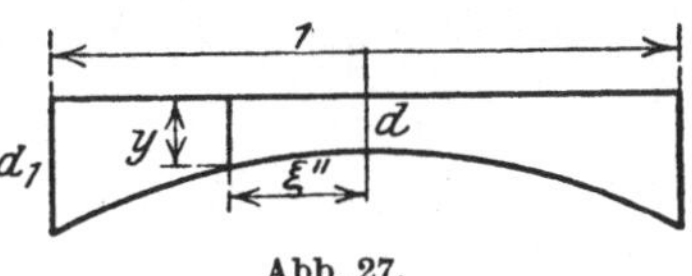

Abb. 27.

Infolge $y = d + 4\,(d_1 - d)\,\xi''^2$ wird

$$\int dw = 2\int_0^{\frac{1}{2}} \frac{d^3}{y^3}\cdot d\xi'' = \frac{3}{8}\,\frac{d}{d_1}\left(1+\frac{2}{3}\,\frac{d}{d_1}\right)+\frac{3}{8}\,\frac{\operatorname{arc\,tg}\sqrt{\frac{d_1}{d}-1}}{\sqrt{\frac{d_1}{d}-1}}\,,$$

$$\int \xi''^2\,dw = 2\int_0^{\frac{1}{2}} \frac{d^3}{y^3}\,\xi''^2\,d\xi'' = \frac{1}{32}\left(\frac{d}{d_1}\right)^2+\frac{1}{32}\,\frac{1}{\frac{d_1}{d}-1}\left[\frac{\operatorname{arc\,tg}\sqrt{\frac{d_1}{d}-1}}{\sqrt{\frac{d_1}{d}-1}}-\left(\frac{d}{d_1}\right)^2\right].$$

Für nahe an 1 liegende Werte von $\frac{d_1}{d}$ empfiehlt sich die Reihenentwicklung:

$$\int \xi''^2 dw = \frac{1}{12}\left[1-\frac{9}{5}\left(\frac{d_1}{d}-1\right)+\frac{18}{7}\left(\frac{d_1}{d}-1\right)^2 - \cdots (-1)^n\cdot\frac{3}{2}\,\frac{(n+1)(n+2)}{2n+3}\left(\frac{d_1}{d}-1\right)^n\cdots\right].$$

Für $d_1 = 2d$ findet man

$$\int dw = \frac{3}{8}\cdot\frac{1}{2}\left(1+\frac{1}{3}\right)+\frac{3}{8}\cdot\frac{\pi}{4} = 0{,}5445\,,$$

$$\int \xi''^2 dw = \frac{1}{32}\cdot\frac{1}{4}+\frac{1}{32}\left(\frac{\pi}{4}-\frac{1}{4}\right) = \frac{\pi}{128} = 0{,}02454\,.$$

An diesen Werten möge eine Annäherung durch die Simpsonsche Regel geprüft werden. Dabei benutzen wir für eine Stabhälfte nur 3 Zwischenwerte:

ξ''	$\frac{d}{y}$	$\left(\frac{d}{y}\right)^3$	$\xi''^2\cdot\frac{d^3}{y^3}$
0	1	1	0
$\frac{1}{8}$	$\frac{16}{17}$	0,8337	0,013027
$\frac{1}{4}$	$\frac{16}{20}$	0,512	0,032
$\frac{3}{8}$	$\frac{16}{25}$	0,2621	0,036858
$\frac{1}{2}$	$\frac{1}{2}$	0,125	0,03125

Hiermit erhält man die Näherungswerte:

$$\int dw = 2 \cdot \frac{1}{3} \cdot \frac{1}{8} (1 + 4 \cdot 0{,}8337 + 2 \cdot 0{,}512 + 4 \cdot 0{,}2621 + 0{,}125) = 0{,}5445,$$

$$\int \xi''^2 dw = 2 \cdot \frac{1}{3} \cdot \frac{1}{8} (4 \cdot 0{,}013027 + 2 \cdot 0{,}032 + 4 \cdot 0{,}036858 + 0{,}03125)$$
$$= 0{,}02456 .$$

Die zufriedenstellende Übereinstimmung spricht für die Benutzung der Simpsonschen Regel bei beliebigem Verlauf des Trägheitsmomentes[1]).

Für das gewählte Verhältnis $d_1 = 2d$ erhalten wir weiter nach Gl. (28):

$$a = b = \frac{0{,}25}{0{,}02454} + \frac{1}{0{,}5445} = 12{,}024 ,$$
$$c = \frac{0{,}25}{0{,}02454} - \frac{1}{0{,}5445} = 8{,}351 .$$

Zuweilen ist die Verkürzung der frei biegsamen Länge eines Stabes gegenüber seiner Systemlänge infolge der Profilstärken von merklichem Einfluß. In Abb. 28 sei z. B. die Systemlänge des Stieles h und h_1 die frei biegsame Länge. Zur Berücksichtigung dieses Umstandes pflegt man für das Stück $h - h_1$ $J = \infty$ zu setzen.

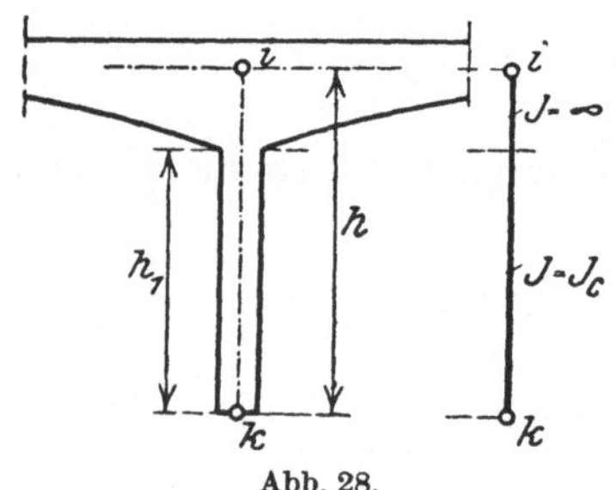

Abb. 28.

Man hat dann:

$$\xi_0' = 1 - \frac{1}{2} \frac{h_1}{h}, \qquad \xi_0 = \frac{1}{2} \frac{h_1}{h},$$

$$\int dw = \frac{h_1}{h}, \qquad \int \xi''^2 dw = \frac{1}{12} \frac{h_1^3}{h^3} .$$

Nach Gl. (28) erhält man mit diesen Werten:

$$\left. \begin{aligned} b &= 4 \frac{h}{h_1} \\ a &= 4 \frac{h}{h_1} \left[1 + 3 \frac{h}{h_1} \left(\frac{h}{h_1} - 1 \right) \right] \\ c &= 2 \frac{h}{h_1} \left(3 \frac{h}{h_1} - 2 \right) \end{aligned} \right\} . \qquad (33)$$

20. Beispiel einer Straßenbrücke.

Das in Abb. 29 dargestellte Rahmenwerk für eine Straßenbrücke ist an den beiden Balkenenden horizontal beweglich gelagert. Die beiden Mittelpfosten sind mit den Balken in steifen Knoten verbunden und am

[1]) Über weitere gesetzmäßige Annahmen vergleiche man A. Strassner: Neuere Meth. zur Statik usw. Berlin: Ernst u. Sohn 1916.

Fuß eingespannt. Der Querschnitt des Plattenbalkens ist in Abb. 30 dargestellt und besitze veränderliche Höhe. Sein Trägheitsmoment

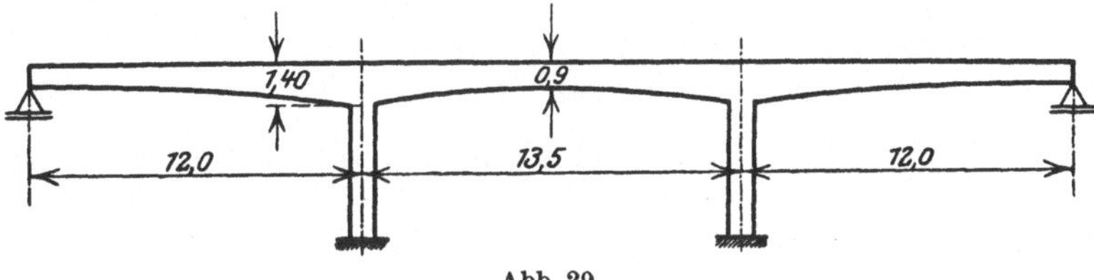

Abb. 29.

werde unter Berücksichtigung des vollen Querschnitts ohne Einlagen nach folgender Formel berechnet:

$$J = \frac{0{,}3\,y^3}{12} + \frac{1{,}4 \cdot 0{,}2^3}{12} + \frac{0{,}3\,y \cdot 1{,}4 \cdot 0{,}2}{0{,}3\,y + 1{,}4 \cdot 0{,}2} \frac{(y - 0{,}2)^2}{4}.$$

ξ''	y	J	$\frac{J_r}{J}$	$\frac{d^3}{y^3}$	$\xi''^2 \frac{J_r}{J}$
0	0,9	0,03600	1	1	0
$\frac{1}{8}$	0,93	0,03966	0,9076	0,9063	0,01418
$\frac{1}{4}$	1,025	0,05279	0,6819	0,6769	0,04262
$\frac{3}{8}$	1,18	0,07955	0,4525	0,4437	0,06363
$\frac{1}{2}$	1,4	0,13001	0,2769	0,2628	0,03461

Obige Tabelle gilt für die Mittelöffnung (Abb. 31). Zum Vergleich wurden neben den Werten für $\frac{J_r}{J}$ die entsprechenden Werte für $\frac{d^3}{y^3}$

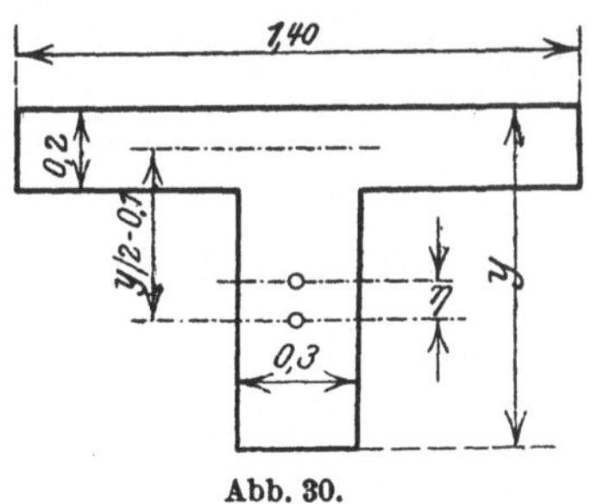

Abb. 30.

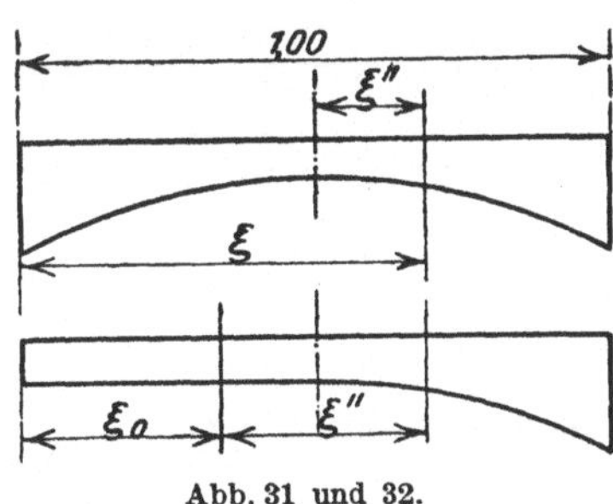

Abb. 31 und 32.

angegeben, die man als gute Annäherung an jene betrachten kann. Man bestimmt jetzt nach der Simpsonschen Regel:

$$\int dw = 2 \cdot \frac{1}{3} \cdot \frac{1}{8} (1 + 4 \cdot 0{,}9076 + 2 \cdot 0{,}6819 + 4 \cdot 0{,}4525 + 0{,}2769)$$
$$= 0{,}6734\,,$$

$$\int \xi''^2\, dw = 2 \cdot \frac{1}{3} \cdot \frac{1}{8} (4 \cdot 0{,}01418 + 2 \cdot 0{,}04262 + 4 \cdot 0{,}06363 + 0{,}03461)$$
$$= 0{,}03592\,.$$

Nach (28) erhält man weiter:

$$b = a = \frac{0{,}25}{0{,}03\,592} + \frac{1}{0{,}6734} = 8{,}44\,,$$

$$c = \frac{0{,}25}{0{,}03\,592} - \frac{1}{0{,}6734} = 5{,}48\,.$$

Seitenöffnung (Abb. 32). Rechts von der Mitte werden die gleichen Querschnitte gewählt wie bei der Mittelöffnung, links von der Mitte wird die Gurtung parallel geführt und der Scheitelquerschnitt beibehalten. Hiermit hat man:

$$\int dw = \frac{1}{2} \cdot 0{,}6734 + \frac{1}{2} = 0{,}8367\,.$$

Die Lage des Schwerpunktes ergibt sich mit Hilfe des statischen Momentes, bezogen auf die Mitte:

$\xi - \frac{1}{2}$	$\frac{J_r}{J}$	$(\xi - \frac{1}{2})\frac{J_r}{J}$	ξ''	$\xi''^2 \frac{J_r}{J}$
0	1	0	0,069	0,00476
$\frac{1}{8}$	0,9076	0,11345	0,194	0,03416
$\frac{1}{4}$	0,6819	0,17050	0,319	0,06939
$\frac{3}{8}$	0,4525	0,16970	0,444	0,08920
$\frac{1}{2}$	0,2769	0,13845	0,569	0,08965

$$\int\left(\frac{1}{2} - \xi\right) dw = \frac{1}{2} \cdot \frac{1}{4} - \frac{1}{3} \cdot \frac{1}{8}\,(4 \cdot 0{,}11\,345 + 2 \cdot 0{,}17\,050 + 4 \cdot 0{,}16\,970 + 0{,}13\,845)$$
$$= 0{,}05\,783\,,$$

$$\xi_0 = \frac{1}{2} - \frac{0{,}05\,783}{0{,}8367} = 0{,}431\,, \quad \xi_0' = 0{,}569\,,$$

$$\int \xi''^2\, dw = \frac{1}{3}\,(0{,}431^3 + 0{,}069^3)$$
$$+ \frac{1}{3} \cdot \frac{1}{8}\,(0{,}00476 + 4 \cdot 0{,}3416 + 2 \cdot 0{,}06\,939 + 4 \cdot 0{,}08920$$
$$+ 0{,}08\,965) = 0{,}05\,707\,.$$

Nach (28) erhält man:

$$a = \frac{0\;569^2}{0{,}05\,707} + \frac{1}{0{,}8367} = 6{,}87\,,$$

$$b = \frac{0{,}431^2}{0{,}05\,707} + \frac{1}{0{,}8367} = 4{,}45\,,$$

$$c = \frac{0{,}431 \cdot 0{,}569}{0{,}05\,707} - \frac{1}{0{,}8367} = 3{,}10\,.$$

Stiel. Es sei $h_1 = 5{,}0$, $h = 5{,}94$ m.

Die Gl. (33) liefern:

$$a = 7{,}94 \qquad b = 4{,}75 \qquad c = 3{,}72.$$

Mit Hilfe der Tabelle (32) findet man jetzt für den Balken l_1 über der linken Seitenöffnung:

$$z_{ii} = 6{,}87 - \frac{3{,}10^2}{4{,}45} = 4{,}71\,,$$

für den Balken l_2 über der Mittelöffnung:

$$z_{ii} = z_{kk} = 8{,}44 \qquad z_{ik} = 5{,}48,$$

für den Stiel:

$$z_{ii} = 7{,}94 \quad z_{kk} = 4{,}75 \quad z_{ik} = 3{,}72, \quad \zeta_i = 11{,}66 \quad \zeta_k = 8{,}47 \quad \zeta' = 20{,}13.$$

Als Grundkoordinaten werden die beiden Knotendrehwinkel ν_1 und ν_2 sowie der Sehnendrehwinkel μ des linken Stieles eingeführt. Als J_c führen wir das Trägheitsmoment J_r in der Mitte der Balkenöffnung ein, dann hat man:

$$l_1' = l\,, \qquad l_2' = l_2\,, \qquad h' = h\,\frac{J_r}{J_3}\,,$$

ferner

$$a_{11} = a_{22} = \frac{4{,}71}{l_1} + \frac{7{,}94}{h'} + \frac{8{,}44}{l_2}\,, \qquad a_{12} = \frac{5{,}48}{l_2}$$

und indem wir der Unbekannten μ die Ziffer 3 zuordnen:

$$b_{13} = b_{23} = \frac{11{,}66}{h'}\,, \qquad c_{33} = 2\cdot 20{,}13\cdot\frac{1^2}{h'}\,.$$

Die Elastizitätsgleichungen haben die Form:

$$\begin{aligned}
a_{11}\,\nu_1 + a_{12}\,\nu_2 + b_{13}\,\mu &= L_1\\
a_{21}\,\nu_1 + a_{22}\,\nu_2 + b_{23}\,\mu &= L_2\\
b_{13}\,\nu_1 + b_{23}\,\nu_2 + c_{33}\,\mu &= L_3.
\end{aligned}$$

Die Verschiebungen der Balkenstäbe als Bestandteile der Kette G_1 infolge $\mu = 1$ erfolgen nur in horizontalem Sinn, daher ist bei lotrechter Belastung stets $L_3 = 0$.

Addiert und subtrahiert man die beiden ersten Gleichungen, so erhält man nach Multiplikation mit h':

$$\begin{aligned}
&\left(7{,}94 + 4{,}71\,\frac{h'}{l_1} + 13{,}92\,\frac{h'}{l_2}\right)(\nu_1 + \nu_2) + 23{,}32\,\mu = (L_1 + L_2)\,h',\\
&\left(7{,}94 + 4{,}71\,\frac{h'}{l_1} + 2{,}96\,\frac{h'}{l_2}\right)(\nu_1 - \nu_2) \qquad\qquad = (L_1 - L_2)\,h',\\
&\qquad 11{,}66\,(\nu_1 + \nu_2) + 40{,}26\,\mu = 0\,.
\end{aligned}$$

Um verschiedene Querschnittsverhältnisse vergleichen zu können, möge die allgemeine Bezeichnung h' noch beibehalten und $\frac{h'}{l_2} = \varepsilon$

gesetzt werden. Setzt man μ aus der 3. Gleichung in die erste ein, so folgt:

$$\left.\begin{aligned} \nu_1 + \nu_2 &= D_1(\varepsilon)(L_1 + L_2)\, l_2 \\ \nu_1 - \nu_2 &= D_2(\varepsilon)(L_1 - L_2)\, l_2 \\ \mu &= -0{,}290\,(\nu_1 + \nu_2) \end{aligned}\right\} \qquad (34)$$

wobei

$$D_1(\varepsilon) = \frac{\varepsilon}{1{,}19 + \varepsilon\left(13{,}92 + 4{,}71\,\frac{l_2}{l_1}\right)}; \qquad D_2(\varepsilon) = \frac{\varepsilon}{7{,}94 + \varepsilon\left(2{,}96 + 4{,}71\,\frac{l_2}{l_1}\right)}.$$

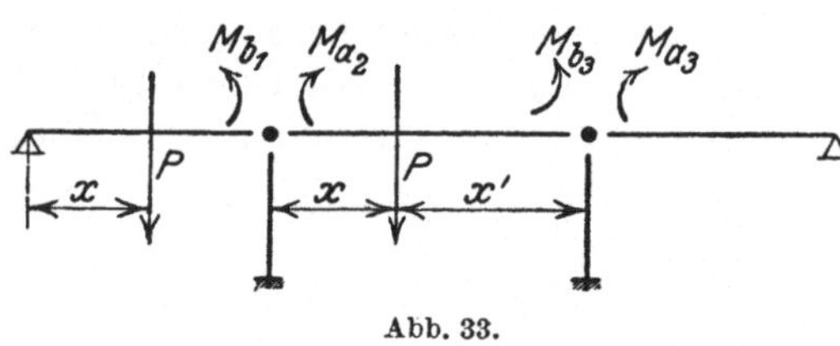

Abb. 33.

Für den Grenzfall $\varepsilon = \infty$ stellen die beiden ersten Gleichungen die Lösung für den kontinuierlichen Balken auf frei drehbaren Stützen dar.

L_1 und L_2 bestehen nach Gl. (11 a) aus 3 Termen, deren erster und dritter verschwinden, die einzelnen Summanden des zweiten sind als Endmomente starr eingespannter Stäbe zu deuten; vergleiche die im Anschluß an Gl. (23a) gemachte Bemerkung. Bezeichnen wir diese nach Abb. 33 mit M_a und M_b, so wird

$$L_1 = M_{a\,2} - M_{b\,1},$$
$$L_2 = M_{a\,3} - M_{b\,2}.$$

Die allgemeine Bedeutung dieser Überlegung wird unter Nr. 23 weiter besprochen.

21. Einspannmomente bei Stäben mit veränderlichem Querschnitt. Näherungsformeln zur Bestimmung von Biegungslinien.

Bei konstantem Querschnitt hat man die bekannten Formeln:

$$M_b = \frac{Pl}{2}\,\omega_D$$

bei einseitiger Einspannung und

$$M_a = Pl\,\omega', \qquad M_b = Pl\,\omega$$

bei beiderseitiger Einspannung, wobei

$$\omega = \xi^2 \xi' \quad \omega' = \xi \xi'^2$$

oder

$$\omega' + \omega = \omega_R, \qquad \omega' - \omega = \omega'_D - \omega_D,$$

bei gleichförmiger totaler Belastung wird im ersten Fall:

$$M_b = \frac{pl^2}{8},$$

im zweiten Fall:

$$M_a = M_b = \frac{pl^2}{12}.$$

Bei veränderlichem Querschnitt empfiehlt sich, neben den bekannten graphischen Verfahren die Durchführung einer numerischen Integration, die von der Darstellung der Einflußlinien für die Sehnentangentenwinkel eines beiderseits frei drehbar gelagerten Stabes ausgeht.

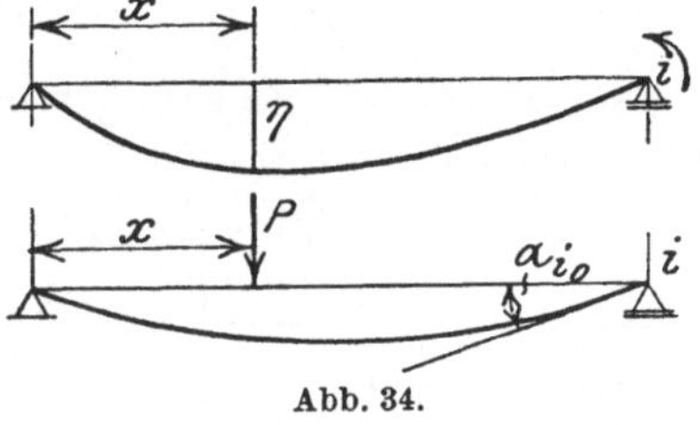

Abb. 34.

Bezeichnet man mit η die Ordinate der durch $M_i = 1$ erzeugten Biegungslinie, so ist der Wert von α_{i0} infolge einer Last $P = 1$ an der Stelle x gleich dem von η (Abb. 34). Diese Biegungslinie findet man als Momentenlinie zu der durch die Ordinate $z = x\frac{J_c}{J}$ dargestellten Belastung.

Nähert man eine Belastungslinie dadurch an, daß man durch die aufeinander folgenden Punkte 0 1 2, 2 3 4 usw. Parabeln legt und verteilt man durch Kräftezerlegung die Lasten auf die Punkte 0, 1,

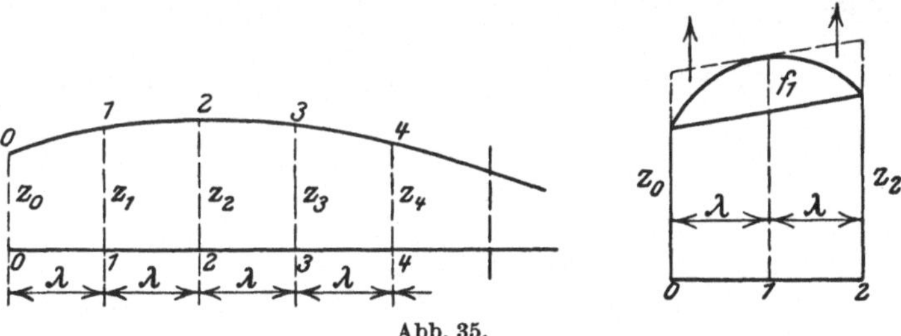

Abb. 35.

2, 3 . . ., so findet man zur Ermittlung der Ordinaten der Momentenlinie in diesen Punkten folgende Gewichte, vgl. die Abb. 35, in Punkt 1:

$$z_1 \lambda - \frac{f_1 \lambda}{6},$$

in Punkt 2:

$$(z_1 + 4z_2 + z_3)\frac{\lambda}{6} + (f_1 + f_3)\frac{\lambda}{12},$$

in Punkt 3:

$$z_3 \lambda - \frac{f_3 \lambda}{6} \text{ usw.}$$

Legt man dagegen durch die Punkte 1 2 3, 3 4 5 ... Parabeln, so erhält man Gewichte folgender Art: in Punkt 2:

$$z_2 \lambda - \frac{f_2 \lambda}{6},$$

in Punkt 3:

$$(z_2 + 4 z_3 + z_4) \frac{\lambda}{6} + (f_2 + f_4) \frac{\lambda}{12}.$$

Bildet man das arithmetische Mittel beider Annäherungen, so erhält man folgende Formel für das Gewicht:

$$(z_{m-1} + 10 z_m + z_{m+1}) \frac{\lambda}{12} + (f_{m-1} - 2 f_m + f_{m+1}) \frac{\lambda}{24}, \quad m = 1, 2 \ldots.$$

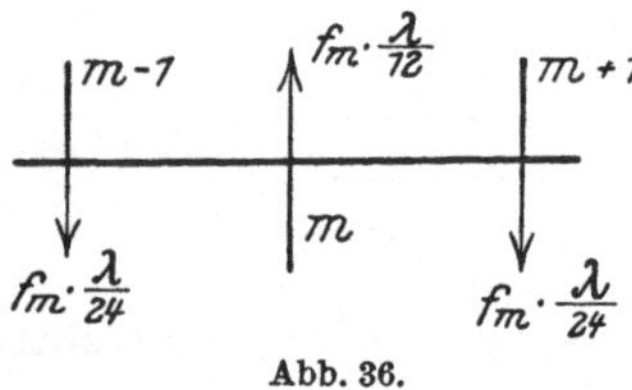

Abb. 36.

Dabei ist

$$f_m = z_m - \frac{1}{2} (z_{m-1} + z_{m+1}).$$

Um den Einfluß des zweiten Bestandteiles zu erkennen, haben wir in Abb. 36 die von f_m herrührenden Gewichte ausgesondert, sie erzeugen nur im Punkt m das Moment: $-f_m \frac{\lambda^2}{24}$. Hiernach bilden wir folgende Regel:

Sind von einer Belastungslinie in gleichen Abständen die Ordinaten $z_0\ z_1\ z_2 \ldots$ bekannt, so ermittle man die Momentenlinie mit Hilfe der Gewichte:

$$w_m = (z_{m-1} + 10 z_m + z_{m+1}) \frac{\lambda}{12} \qquad m = 1, 2 \ldots \tag{35}$$

und ziehe von den gefundenen Ordinaten die Beträge $f_m \frac{\lambda^2}{24}$ ab. Der Vollständigkeit wegen sei bemerkt, daß die Herleitung des Gewichtes w_1 sowie w_{n-1} nach obiger Entwicklung zwar eine Fortsetzung der angenommenen Belastungslinie über das Intervall $0 - n$ hinaus verlangt, indem vor z_0 und hinter z_n noch eine Ordinate gebraucht wird, daß aber der Einfluß dieser Ordinaten in der angegebenen Regel ganz verschwindet. Dies hängt mit folgendem Umstand zusammen: man kann immer die Momentenlinie zu einer gegebenen Belastung auch durch Betrachtung einer beiderseits verlängerten Stabachse bestimmen, wobei die Belastung beiderseits beliebig ergänzt werden darf; die durch die Lote im Teilpunkt 0 und n begrenzte Schlußlinie grenzt die richtige Momentenfläche ab.

Die numerische Methode werde zunächst auf das Beispiel unter Nr. 20 angewandt. Für die Seitenöffnung ergibt sich nachfolgende Zusammenstellung:

8ξ	$\frac{J_r}{J}$	$z=\xi\cdot\frac{J_r}{J}$	$\frac{12\omega}{\lambda}$	$\frac{12}{\lambda}\cdot Q$	$\frac{12}{\lambda^2}\cdot(\eta)$	$\frac{f}{2}$	$\frac{12}{\lambda^2}\cdot\eta$	$\frac{1}{l_1}\cdot M_b$
0	1	0		13,965				
1	1	0,125	1,5	12,465	13,965	0	13,965	0,0856
2	1	0,250	3,0	9,465	26,430	0	26,430	0,1621
3	1	0,375	4,5	4,965	35,895	0	35,895	0,2201
4	1	0,500	5,942	— 0,977	40,860	0,014	40,846	0,2505
5	0,9076	0,56725	6,684	— 7,661	39,883	0,031	39,852	0,2444
6	0,6819	0,5114	6,077	— 13,738	32,222	0,015	32,207	0,1975
7	0,4525	0,3959	4,747	— 18,485	18,484	0,001	18,483	0,1134
8	0,2769	0,2769						

Die vierte Spalte enthält die für die Punkte 1 bis 7 mit Unterdrückung des Faktors $\frac{\lambda}{12}$ bestimmten Gewichte, zu welchen der linke Auflagerdruck gleich 13,965 ermittelt wurde. Ausgehend von diesem Wert, wurden die Querkräfte und aus diesen die Momente mit Unterdrückung des Faktors $\frac{\lambda^2}{12}$ berechnet. Die siebente Spalte enthält die Größen $\frac{f}{2}$, d. h. die Werte, die nach Absonderung des Faktors $\frac{\lambda^2}{12}$ noch abzuziehen sind. In der achten Spalte erhalten wir dann die Einflußzahlen für den Sehnentangentenwinkel, die gemäß (31) nach Multiplikation mit

$$\frac{\lambda^2}{12}\cdot\frac{z_{ii}}{l_1}=\frac{4,71}{64\cdot 12}\cdot l_1=0,006\,133\cdot l_1$$

die M_b-Linie liefern.

Bei totaler Belastung finden wir:

$$M_b=0,1614\,p l_1^2.$$

Dies bedeutet eine Erhöhung des Einspannmomentes bei konstantem Trägheitsmoment um 29,12%.

Für den Balken über der Mittelöffnung gilt folgende Zusammenstellung:

8ξ	$\frac{J_r}{J}$	$z=\xi\cdot\frac{J_r}{J}$	$12\frac{\omega}{\lambda}$	$12\frac{Q}{\lambda}$	$\frac{12}{\lambda^2}\cdot(\eta)$	$\frac{1}{2}f$	$\frac{12}{\lambda^2}\cdot\eta$	$\frac{1}{l_2}\cdot M_b$
0	0,2769	0		12,340				
1	0,4525	0,0566	0,736	11,604	12,340	—0,014	12,354	0,0003
2	0,6819	0,1705	2,102	9,502	23,944	—0,014	23,958	0,0406
3	0,9076	0,34035	4,074	5,428	33,446	0,003	33,443	0,0938
4	1	0,5	5,908	— 0,480	38,874	0,023	38,851	0,1497
5	0,9076	0,56725	6,684	— 7,164	38,394	0,031	38,363	0,1830
6	0,6819	0,5114	6,077	— 13,241	31,230	0,015	31,215	0,1721
7	0,4525	0,3959	4,747	— 17,988	17,989	0,001	17,988	0,1095
8	0,2769	0,2769						

Die in der achten Spalte angegebenen Werte für den rechten Sehnentangentenwinkel gelten in umgekehrter Folge für den nach unten positiv gezählten linken Sehnentangentenwinkel.

Multipliziert man daher die Zahlen der achten Spalte mit

$$\frac{\lambda^2}{12}\frac{z_{ii}}{l_2} = \frac{8{,}44}{64\cdot 12}\cdot l_2$$

und die umgekehrte Folge mit

$$\frac{\lambda^2}{12}\frac{z_{ik}}{l_2} = \frac{5{,}48}{64\cdot 12}\cdot l_2,$$

so erhält man durch Subtraktion die Einflußzahlen für M_b. Die Zahlen für $\frac{M_b}{l_2}$ sind in Spalte 9 angegeben. Bei gleichmäßiger totaler Belastung folgt daraus:

$$M_b = 0{,}0946\, p l_2^2\,.$$

Dies bedeutet eine Vergrößerung des Einspannmomentes bei konstantem Trägheitsmoment um 13,6%.

22. Näherungsformeln zur Bestimmung von Momenten bei starrer Einspannung.

Zur Herleitung geschlossener Formeln für die Einspannmomente ohne Bindung an eine bestimmte geometrische Form möge die Kurve der $\frac{J_r}{J}$ durch drei ausgewählte Werte angenähert werden. Dabei werde allgemein ein Balken zugrunde gelegt, dessen Trägheitsmoment in einem bestimmten Intervall konstant gleich J_r sei; an einem oder an beiden Enden sei eine Verstärkung vorhanden. Die Länge der Voute betrage $\alpha\cdot l$. Die Werte für $1-\frac{J_r}{J}$ seien am Auflager i und in der Mitte der Voute, d. h. bei $\xi = \frac{\alpha}{2}$ gleich i_m. Bei $\xi = \alpha$ nimmt $1-\frac{J_r}{J}$ den Wert 0 an (vgl. Abb. 37).

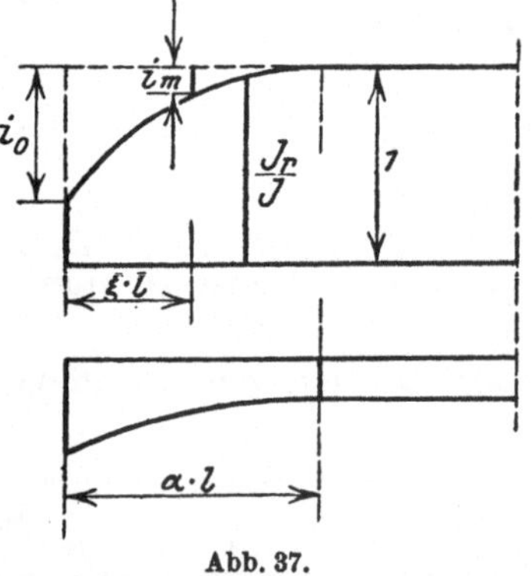

Abb. 37.

Man überzeugt sich leicht, daß der Ausdruck

$$\alpha^2\left(1-\frac{J_r}{J}\right) = i_0\,(\xi-\alpha)\,(2\xi-\alpha) - 4\,i_m\,\xi\,(\xi-\alpha) \tag{36}$$

diesen Bedingungen genügt.

Bei dem einseitig eingespannten Balken mit einseitiger Voute ist das Einspannmoment:

$$M_a = \frac{\int M_0\,\xi'\,d\xi\,\frac{J_r}{J}}{\int \xi'^2\,d\xi\cdot\frac{J_r}{J}},$$

wobei
$$M_0 = \frac{pl^2}{2} \cdot \xi \cdot \xi'.$$

Führt man die Rechnung durch, indem man im Bereich der Voute den durch Gl. (36) bestimmten Wert von $\frac{J_r}{J}$ benutzt, so erhält man:

$$M_a = \frac{pl^2}{8} \frac{1 - 2\alpha^2 \left[2 i_m - \frac{\alpha}{5}(12 i_m - i_0) + \frac{\alpha^2}{10}(8 i_m - 3 i_0)\right]}{1 - \frac{\alpha}{2}\left[4 i_m + i_0 - 4 \alpha i_m + \frac{\alpha^2}{10}(12 i_m - i_0)\right]}. \tag{37}$$

Bei dem Beispiel unter Nr. 21 war:

$$\alpha = \frac{1}{2}, \quad i_0 = 1 - 0{,}2769 = 0{,}7231, \quad i_m = 1 - 0{,}6819 = 0{,}3181.$$

Hiermit liefert die Formel (37):

$$M_a = \frac{pl^2}{8} \cdot \frac{1 - \frac{1}{2}\left[0{,}6362 - \frac{1}{10} \cdot 3{,}0941 - \frac{1}{40} \cdot 0{,}3755\right]}{1 - \frac{1}{4}\left[1{,}9955 - 0{,}6362 + \frac{1}{40} \cdot 3{,}0941\right]} = 0{,}1641\, pl^2.$$

Dieser Wert unterscheidet sich von dem früher ermittelten von $0{,}1614\, pl^2$ nur um 1,67%.

Für den beiderseits eingespannten Träger mit symmetrisch angeordneten Vouten haben wir:

$$M_a = \frac{\int M_0 \, d\xi \, \frac{J_r}{J}}{\int d\xi \, \frac{J_r}{J}}.$$

Die analog durchgeführte Rechnung führt zu der Formel:

$$M_a = \frac{pl^2}{12} \cdot \frac{1 - \alpha^2 \left[4 i_m - \frac{\alpha}{5}(12 i_m - i_0)\right]}{1 - \frac{\alpha}{3}(4 i_m + i_0)}. \tag{38}$$

Mit den oben angegebenen Zahlenwerten liefert die Formel (38):

$$M_a = 0{,}0948\, pl^2$$

in fast genauer Übereinstimmung mit dem früher ermittelten Wert von

$$0{,}0946\, pl^2.$$

Um die Zuverlässigkeit der Formeln (37) und (38) noch an einem zweiten Beispiel zu erproben, das einer strengen Rechnung leicht zugänglich ist, werde ein Balken mit geradlinig begrenzter Endverstärkung gewählt, dabei sei $\alpha = \frac{1}{3}$. Die Stärken in der Mitte und Auflager verhalten sich wie 2 : 3.

Bei diesem Beispiel ist:

$$i_0 = 1 - \frac{8}{27} = 0{,}7037\,,$$

$$i_m = 1 - \frac{8}{2{,}5^3} = 0{,}4899\,.$$

Die Formel (37) liefert:

$$M_a = \frac{pl^2}{8} \frac{1 - \frac{2}{9}\left(0{,}9798 - \frac{1}{15}\cdot 5{,}1751 + \frac{1}{90}\cdot 1{,}8081\right)}{1 - \frac{1}{6}\left(2{,}6633 - \frac{4}{3}\cdot 0{,}4899 + \frac{1}{90}\cdot 5{,}1751\right)} = 0{,}1630\, pl^2.$$

Zur Prüfung durch eine strenge Rechnung setzen wir:

$$d = d_0 - \frac{d_0 - d_i}{\alpha}\cdot\xi$$

und hiermit

$$\frac{J_r}{J} = \left(\frac{d_1}{d_0}\right)^3 \frac{1}{\left[1 - \left(1 - \frac{d_i}{d_0}\right)\frac{\xi}{\alpha}\right]^3}$$

mit

$$\alpha = \frac{1}{3} \quad \text{und} \quad \frac{d_1}{d_0} = \frac{2}{3}$$

hat man

$$\frac{J_r}{J} = \frac{8}{27} : (1 - \xi)^3.$$

Führt man, ausgehend von dem allgemeinen Ausdruck für das Moment bei einseitiger Einspannung:

$$M_a = \frac{pl^2}{2} \frac{\int \xi\,(1-\xi)^2 \frac{J_r}{J}\,d\xi}{\int (1-\xi)^2 \cdot \frac{J_r}{J}\,d\xi}\,,$$

die Rechnung durch, indem man im Intervall $0 \leqq \xi \leqq \alpha$ für $\frac{J_r}{J}$ die oben ermittelte Funktion und im Intervall $\alpha \leqq \xi \leqq 1$ den Wert 1 setzt, so erhält man leicht:

$$M_a = \frac{pl^2}{2} \frac{\lg\frac{2}{3} - \frac{1}{6}}{\lg\frac{3}{2} + \frac{1}{3}} = 0{,}1616\, pl^2.$$

Für den beiderseits eingespannten Balken mit symmetrisch angeordneten Vouten liefert bei gleichen Abmessungen wie vorher die Formel (38):

$$M_a = \frac{pl^2}{12} \frac{1 - \frac{1}{9}\left(1{,}9596 - \frac{1}{15}\,5{,}1751\right)}{1 - \frac{1}{9}\cdot 2{,}6633} = 0{,}0971\, pl^2.$$

Die strenge Rechnung ergibt durch Einführung des zugrunde gelegten Gesetzes für $\frac{J_r}{J}$ in:

$$M_a = \frac{pl^2}{2} \frac{\int \xi (1-\xi) \frac{J_r}{J} d\xi}{\int \frac{J_r}{J} \cdot d\xi}$$

den Wert

$$M_a = pl^2 \frac{\frac{61}{12} - 8 \lg \frac{3}{2}}{19} = pl^2 \cdot 0{,}0973 .$$

In beiden Fällen ist somit der Fehler der Annäherung durch (37) bzw. (38) außerordentlich gering.

23. Beispiel.

Weiterführung des Beispiels in Nr. 20. Es soll bei totaler Belastung der Mittelöffnung oder einer Seitenöffnung das Verhalten bei drei verschiedenen Stielquerschnitten verglichen werden. Die mit 1 bis 3 bezeichneten Querschnitte sind in Abb. 38 dargestellt. Die zugehörigen Trägheitsmomente sind:

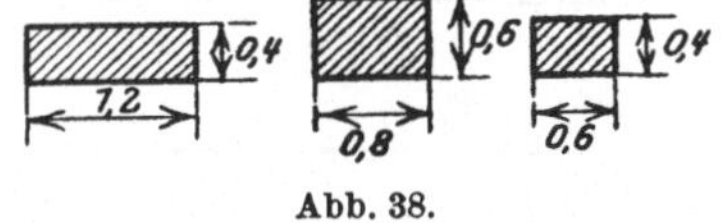

Abb. 38.

$$\frac{0{,}4 \cdot 1{,}2^3}{12} = 0{,}0576 , \quad \frac{0{,}6 \cdot 0{,}8^3}{12} = 0{,}0256 , \quad \frac{0{,}4 \cdot 0{,}6^3}{12} = 0{,}0072\, m^4,$$

sie verhalten sich rund wie 8 : 3,56 : 1.

Die für die Ermittlung der Knotendrehwinkel benötigten Größen stellen wir für die drei Anordnungen zusammen:

	$\frac{J_r}{J_3}$	h'	ε	$D_1(\varepsilon)$	$D_2(\varepsilon)$
1.	0,625	3,71	0,275	0,0425	0,0269
2.	0,406	8,35	0,619	0,04730	0,04743
3.	5,0	29,7	2,2	0,0506	0,0843
4.			∞	0,0520	0,1211

Zum weiteren Vergleich soll auch noch die Berechnung für den kontinuierlichen Balken auf frei drehbaren Stützen durchgeführt werden. Hierfür hat man unter 4:

$$D_1(\infty) = \frac{1}{13{,}92 + 4{,}71 \cdot \frac{13{,}5}{12}} = 0{,}0520 ,$$

$$D_2(\infty) = \frac{1}{2{,}96 + 4{,}71 \cdot \frac{13{,}5}{12}} = 0{,}1211 .$$

a) Belastung der Mittelöffnung.

Nach den Ermittelungen unter Nr. 21 hat man:

$$L_1 = 0{,}0946\, p l_2^2; \quad L_2 = -0{,}0946\, p l_2^2 .$$

Hiermit wird $\nu_1 + \nu_2 = 0 \quad \mu = 0$

$$\nu_1 - \nu_2 = 2\,\nu_1 = D_2(\varepsilon)\,(L_1 - L_2)\, l_2$$

oder

$$\frac{\nu_1}{l_2} = D_2(\varepsilon) \cdot L_1 .$$

Mit Hilfe der Gl. (30a) findet man weiter am Mittelbalken:

$$M_{a,2} = M_i = -\,(z_{ii} - z_{ik})\,\frac{\nu_1}{l_2} + M_i^0,$$

$$= -\,(8{,}44\text{–}5{,}48)\,\frac{\nu_1}{l_2} + 0{,}0946\, p l_2^2 .$$

Am Balken über der linken Öffnung hat man mit $z_{ii} = 4{,}71$:

$$M_{b,1} = -M_i = z_{ii}\,\frac{\nu_1}{l_1} .$$

Für das Moment am Fuß des linken Stabes ermitteln wir nach (30b):

$$M_k = -3{,}72 \cdot \frac{\nu_1}{h_1} .$$

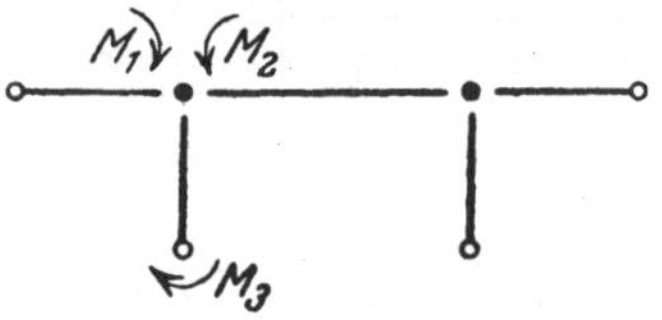

Abb. 39.

Bei dem kontinuierlichen Träger hat man die Probe $M_{a,2} = M_{b,1}$. Die Zahlenrechnung ergibt für diesen:

$$\frac{\nu_1}{l_2} = 0{,}1211 \cdot 0{,}0946\, p l_2^2 = 0{,}01\,146\, p l_2^2 ,$$

$$M_{a,2} = (-\,2{,}96 \cdot 0{,}01\,146 + 0{,}0946)\, p l_2^2 = 0{,}0607\, p l_2^2 ,$$

$$M_{b,1} = 4{,}71 \cdot 0{,}01\,146 \cdot \frac{13{,}5}{12} \cdot p l_2^2 = 0{,}0607\, p l_2^2 .$$

Die je nach Wahl der einzelnen Stützenquerschnitte ermittelten Zahlenfaktoren von $p l_2^2$ sind nachfolgend zusammengestellt, wobei der Drehsinn der Momente aus Abb. 39 zu entnehmen ist:

	M_1	M_2	M_3
1.	0,0135	0,0871	0,0092
2.	0,0237	0,0813	0,0072
3.	0,0422	0,0710	0,0036
4.	0,0607	0,0607	

b) Belastung der linken Seitenöffnung:

Hierbei gilt $L_1 = -\,0{,}1614\, p l_1^2 \quad L_2 = 0,$

$$\nu_1 + \nu_2 = D_1(\varepsilon)\, L_1 l_2 ,$$

$$\nu_1 - \nu_2 = D_2(\varepsilon)\, L_1 l_2 ,$$

$$\mu = -\,0{,}290\,(\nu_1 + \nu_2) .$$

In der Seitenöffnung erhält man dann mit Hilfe von (30a):

$$M_{b\,1} = -M_i = 4{,}71 \cdot \frac{\nu_1}{l_1} - M_i^0,$$

$$= 0{,}1614 \left(1 - \frac{4{,}71}{2}(D_1 + D_2)\frac{l_2}{l_1}\right) p l_1^2,$$

desgleichen für Mittelöffnung:

$$M_{a,2} = M_i = 0{,}1614 \left(\frac{8{,}44}{2}(D_1 + D_2) + \frac{5{,}48}{2}(D_1 - D_2)\right) p l_1^2,$$

$$M_{b,2} = -M_k = -0{,}1614 \left(\frac{8{,}44}{2}(D_1 - D_2) + \frac{5{,}48}{2}(D_1 + D_2)\right) p l_1^2,$$

für die rechte Seitenöffnung:

$$M_{a,3} = -4{,}71 \frac{\nu_2}{l_1} = \frac{4{,}71}{2}(D_1 - D_2) \cdot 0{,}1614\, p l_1^2 \cdot \frac{l_2}{l_1}.$$

Schließlich noch für den linken Stiel unten:

$$M_k = -\frac{1}{h'}(3{,}72\,\nu_1 + 8{,}47\,\mu)$$

$$= \frac{13{,}5}{h'}\left(3{,}72 \frac{D_1 + D_2}{2} - 8{,}47 \cdot 0{,}290\, D_1\right) \cdot 0{,}1614\, p l_1^2$$

und für das untere Moment am rechten Stiel:

$$M_k = -\frac{1}{h'}(3{,}72\,\nu_2 + 8{,}47\,\mu)$$

$$= \frac{13{,}5}{h'}\left(3{,}72 \frac{D_1 - D_2}{2} - 8{,}47 \cdot 0{,}290\, D_1\right) \cdot 0{,}1614\, p l_1^2.$$

Die aus diesen Ansätzen bei Belastung der linken Seitenöffnung folgenden Momente sind in nachfolgender Tabelle zusammengestellt, wobei die Zahlen noch mit $p l_1^2$ zu multiplizieren sind. Der Drehsinn der Momente geht dann aus Abb. 40 hervor.

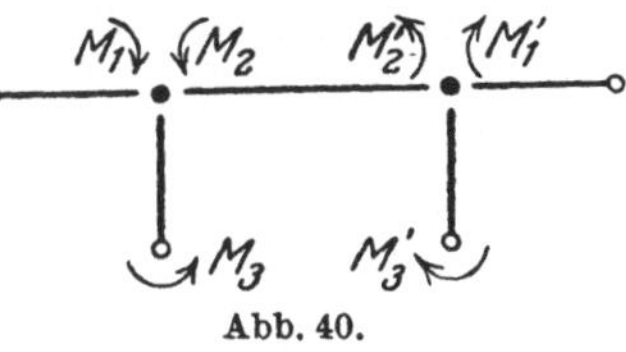

Abb. 40.

	M_1	M_2	M'_2	M'_1	M_3	M'_3
1.	0,1317	0,0542	0,0413	—0,0067	0,0145	0,0443
2.	0,1209	0,0645	0,0418	0,000056	0,0156	0,0304
3.	0,1037	0,0770	0,0367	0,0144	0,0093	0,0137
4.	0,0873	0,0873	0,0295	0,0295		

c) Bei dem unter 3. zugrunde gelegten Stielquerschnitt sollen noch die Einflußlinien ermittelt werden. Je nachdem eine Einzellast im linken oder im Mittelfeld angenommen wird, haben wir in den Gleichungen (34):

$$L_1 = -M_{b\,1}^0, \qquad L_2 = 0$$

oder

$$L_1 = M^0_{a2}, \qquad L_2 = -M^0_{b2}$$

zu setzen.

Diese einer einseitigen oder beiderseitigen starren Einspannung entsprechenden Momente wurden bereits in den beiden Tabellen unter Nr. 21 zusammengestellt. Die Ordinaten der Momentenlinien werden nunmehr mit Hilfe der Gl. 30a) oder (30b) gefunden. Z. B. gilt für den linken Zweig der M_{b1}-Linie:

$$M_{b1} = -M_i = 4{,}71 \frac{\nu_1}{l_1} + M^0_{b1},$$

$$\nu_1 = -\frac{D_1 + D_2}{2} M^0_{b1} \cdot l_2,$$

somit

$$M_{b1} = M^0_{b1}\left(1 - \frac{4{,}71}{2} \frac{l_2}{l_1} (D_1 + D_2)\right).$$

Wir finden daher die Ordinaten dieses Zweiges durch Multiplikation der in Spalte 9 der ersten Tabelle unter Nr. 21 angegebenen Zahlen mit

$$l_1 - 4{,}71 \cdot \frac{1}{2} (D_1 + D_2)\, l_2 = 7{,}711.$$

Für den Mittelzweig der M_{a2}-Linie hat man z. B. gemäß Gl. (34):

$$\nu_1 = \left[M^0_{a2}(D_1 + D_2) - M^0_{b2}(D_1 - D_2)\right] \frac{l_2}{2},$$

$$\nu_2 = \left[M^0_{a2}(D_1 - D_2) - M^0_{b2}(D_1 + D_2)\right] \frac{l_2}{2},$$

ferner hat man nach Gl. (30a):

$$M_{a2} = M_i = -\frac{1}{l_2}(z_{ii}\nu_1 + z_{ik}\nu_2) + M^0_{a2},$$

wobei

$$z_{ii} = 8{,}44, \quad z_{ik} = 5{,}48;$$

man erhält damit:

$$M_{a2} = \frac{M^0_{a2}}{l_2} \cdot 6{,}2767 + \frac{M^0_{b2}}{l_2} \cdot 2{,}7290.$$

Für $\frac{1}{l_2} M^0_{b2}$ sind die Zahlen aus Spalte 9 der zweiten Tabelle und für $\frac{1}{l_2} M^0_{a2}$ dieselben in umgekehrter Folge einzusetzen.

In Abb. 41 sind die Einflußlinien für M_{b1} und für M_{a2} sowie das untere Einspannmoment M_k des linken Stieles dargestellt. Durch Vergleich mit den unter a) und b) angegebenen Momenten bei totaler Feldbelastung erkennt man, wie die Flächen sich bei Benutzung der anderen Stielquerschnitte ändern. Insbesondere sieht man, daß bei

Verwendung des starren Stieles 1 die Ordinaten der M_{b1}-Linie im dritten Feld sogar das entgegengesetzte Vorzeichen annehmen wie bei frei drehbarer Lagerung. Dies findet dadurch seine Erklärung, daß die Form

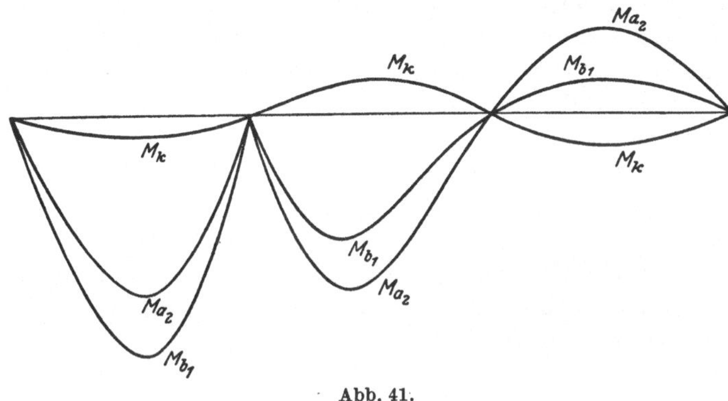

Abb. 41.

der Biegungslinie infolge $M_{b1} = -1$ bei dem weniger biegsamen Stiel wesentlich durch dessen nach rechts erfolgende Sehnenneigung mit bedingt ist.

VI. Verallgemeinerung der Stabform. Allgemeine Grundkoordinaten. Lehrsätze.

24. Ausdehnung auf beliebige Stabform, insbesondere auf gekrümmte Stäbe. Berücksichtigung der Stablängenänderungen. Allgemeine Grundkoordinaten. Das Gebilde G_2. Neue Herleitung der Arbeitsgleichung. Satz $a_{nm} = a_{mn}$.

Weitere Verallgemeinerung der Stabform. Die Gültigkeit der Gleichungen (24) und (26) sowie (25a) läßt sich auch leicht für den Fall beliebig geformter, z. B. gekrümmter Stäbe oder ganz allgemein für den Fall nachweisen, daß irgendwie gegliederte steife Gebilde an Stelle

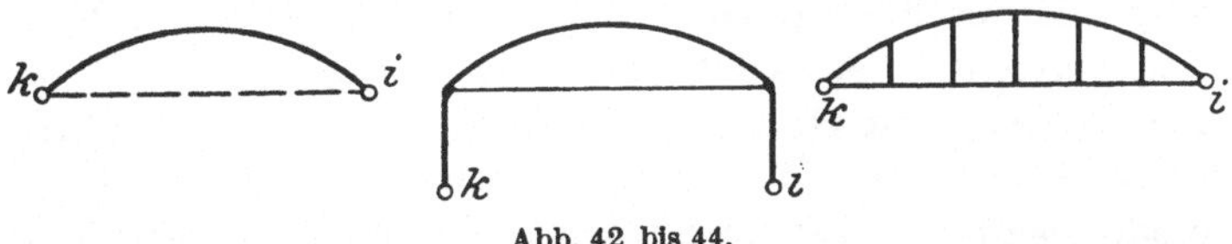

Abb. 42 bis 44.

eines geraden Stabes an die Knoten i und k steif oder gelenkig angeschlossen werden; Beispiele zeigen Abb. 42—44. Der Beweis ergibt sich von selbst bei einer genügend allgemeinen Deutung dieser Gleichungen. Es mögen jetzt die Längenzunahme der Sehne ik sowie die Drehwinkel der angeschlossenen Endquerschnitte des Gebildes relativ zur Sehne mit Δl_r, α_i und α_k bezeichnet und dessen Eigenkoordinaten genannt werden. Wir vergegenwärtigen uns noch einmal kurz die Methode der Grundkoordinaten. Die Gesamtheit der Eigen- bzw. Stabkoordinaten bildet ein System voneinander geometrisch abhängiger Größen, weil die ihnen gemäß verzerrten Einzelglieder die Verträglichkeitsbedingungen erfüllen müssen, d. h. beim Zusammenschluß die Anschlußbedingungen an den Knoten erfüllen müssen. Die geometrischen Bedingungen kommen dadurch zum Ausdruck, daß sich entsprechend dem Grad der geometrischen Überbestimmtheit (statischen Unbestimmtheit) die Eigenkoordinaten durch eine geringere Zahl von Grundkoordinaten ausdrücken lassen.

Bezeichnen wir sie mit w_m $(m = 1, 2 \ldots \varrho)$, wobei es noch dahingestellt sei, welche Größen als geeignet zur Verwendung gelangen, dann gelten also geometrische Beziehungen:

$$\left.\begin{aligned} \alpha_i &= \alpha_i^{(1)} w_1 + \alpha_i^{(2)} w_2 + \cdots \alpha_i^{(\varrho)} \cdot w_\varrho \\ \alpha_k &= \alpha_k^{(1)} w_1 + \alpha_k^{(2)} w_2 + \cdots \alpha_k^{(\varrho)} \cdot w_\varrho \\ \Delta l &= \Delta l^{(1)} w_1 + \Delta l^{(2)} w_2 + \cdots \Delta l^{(\varrho)} \cdot w_\varrho \end{aligned}\right\} . \tag{39}$$

Die Aufstellung dieser Gleichungen gelingt in einfacher Weise durch die Betrachtung der möglichen Verschiebungszustände eines kinematischen Gebildes G_2, das aus dem Rahmenwerk hervorgeht, wenn sämtliche Knotensteifigkeiten aufgehoben werden und wenn ferner jeder Stab oder das an seine Stelle gesetzte Glied allgemeinerer Form in einem seiner Endpunkte in Richtung der Sehne beweglich am Knoten geführt wird. Ein bestimmter Verschiebungszustand von G_2 ist gegeben:

1. Durch die Angabe der Knotendrehwinkel ν_1; 2. durch die Koordinaten μ_m der Stabkette G; 3. durch Zunahme Δl_r der Knotenabstände. Dabei gelangen wir zu einer wichtigen Bemerkung, die bisher nicht zur Geltung kam. Im Fall einer geometrisch überbestimmten Stabanordnung sind die Größen Δl_r nicht unabhängig voneinander. Die den überzähligen Stäben entsprechenden Δl sind durch die übrigen mitbestimmt. Will man daher die Δl_r als Grundkoordinaten einführen, so scheiden die der überzähligen Stäbe aus. Der Rest werde anstatt Δl_r mit λ_r bezeichnet, er bildet zusammen mit den ν_i und μ_m ein unabhängiges System von Grundkoordinaten, welche den Verschiebungszustand von G_2 und hiermit auch die Sehnendrehwinkel ϑ_r bestimmen. Die Sehnentangentenwinkel der Stäbe sind durch dieses spezielle System in folgender Weise bestimmt:

$$\begin{aligned} \alpha_i &= -\nu_i - \vartheta_r \\ \alpha_k &= -\nu_k - \vartheta_r \end{aligned} \qquad \vartheta_r = \sum_m \varphi_{rm} \mu_m + \sum_n \varphi'_{rn} \lambda_n . \tag{40}$$

Irgendein anderes System von Grundkoordinaten wird immer in linearer Abhängigkeit von dem obigen stehen. Die besondere Eignung der Größen ν_i, μ_m und λ_r als Grundkoordinaten leuchtet ohne weiteres ein. Dem Zustand $\nu_i = 1$ entspricht als einzige Verschiebung in G_2 nur die Drehung des Knotens i um den Winkel 1, die dem Zustand $\mu_m = 1$ zugeordneten Größen φ_{rm} können wegen der gleichzeitigen Bedingung $\lambda_r = 0$ an der Stabkette G ermittelt werden. Die Größen φ'_{rn} infolge $\lambda_n = 1$ können schließlich wegen $\mu_m = 0$ an einem statisch bestimmten Fachwerk gefunden werden.

Bei beliebiger Wahl von Grundkoordinaten seien nun infolge $w_m = 1$ $\alpha_i^{(m)}$ $\alpha_k^{(m)}$ und $\Delta l_r^{(m)}$ ein System von Eigenkoordinaten eines Stabes, dem im entsprechend verzerrten Rahmenwerk bestimmte Momente $M_i^{(m)}$ $M_k^{(m)}$ und an den Endpunkten i und k in Richtung der Sehne angreifende Zugkräfte $N_r^{(m)}$ entsprechen; als innere Kräfte im Rahmenwerk bedingen sie gleiche Kräfte in umgekehrter Richtung auf die Knoten, und zur Herstellung des Gleichgewichtes bedarf es äußerer Momente und Kräfte am Knoten. Sofern man diese Knotenbelastungen als Ursache auffaßt, erzeugen sie daher den Verzerrungszustand $w_m = 1$. In Abb. 45 haben wir die aus der Betrachtung eines Gliedes (gekrümmten Stabes) herrührenden Beiträge zu dieser äußeren Knotenbelastung angegeben.

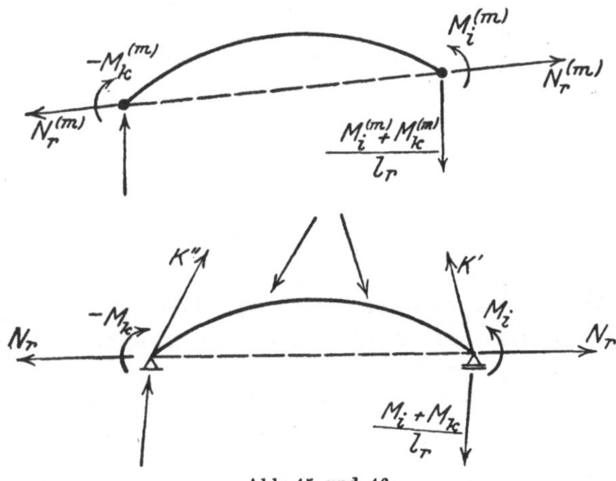

Abb. 45 und 46.

Weiter betrachten wir den wirklichen Lastzustand; ein Glied, z. B. ein gekrümmter Stab, werde durch Schnitte isoliert und die an ihm wirkenden äußeren Kräfte K mögen durch zwei in den Endpunkten wirkende Kräfte K' und K'' ins Gleichgewicht gebracht werden. Dieser Belastung mögen gleichzeitig die Formänderungen α_{i0}, α_{k0} und Δl_{r0} entsprechen. Der wirkliche Zustand, bei dem die wahren Formänderungen α_i α_k und Δl_r entstehen, wird erhalten, indem man noch Momente M_i M_k und Kräfte N_r zusammen mit den Reaktionskräften $(M_i + M_k)\frac{1}{l_r}$. hinzufügt (Abb. 46). Diese hinzugefügten Kräfte erzeugen also die Beträge $\alpha_i - \alpha_{i0}$, $\alpha_k - \alpha_{k0}$ und $\Delta l_r - \Delta l_{r0}$. Wie vorher schließen wir daraus, daß die Kräfte M_i, $(M_i + M_k)\frac{1}{l_r}$ und N_r, als äußere Knotenbelastung des Rahmenwerks gedacht, diese drei Formänderungen verursachen würden. Zweitens werde beachtet, daß die umgekehrten Kräfte K' und K'' zusammen mit den etwa noch an den Knoten unmittelbar gegebenen Kräften eine statische Verteilung aller Lasten auf die Knoten ergeben. Aus Gleichgewichtsgründen am isolierten Knoten müssen aber die so erhaltenen Knotenlasten mit den vorher aus der Betrachtung der inneren Kräfte gewonnenen Knotenlasten äquivalent sein.

Zusammenfassend sprechen wir den Satz aus: Die bei der statischen Verteilung der gegebenen Lasten auf die Knoten sich ergebende Belastung des Rahmenwerks erzeugt die relativen Drehungen der Knoten gegen die Sehnen und die Änderung der Sehnenlänge:

$$\alpha_i - \alpha_{i0}, \quad \alpha_k - \alpha_{k0}, \quad \Delta l_r - \Delta l_{r0}.$$

Wenden wir auf diesen Last- und Formänderungszustand und den Last- und Formänderungszustand $w_m = 1$ den Reziprozitätssatz an, so folgt unmittelbar:

$$\sum_r M_i^{(m)}(\alpha_i - \alpha_{i0}) + M_k^{(m)}(\alpha_k - \alpha_{k0}) + N_r^{(m)}(\Delta l_r - \Delta l_{r0}) = A_v^{(m)}. \quad (41)$$

Dabei bedeutet $A_v^{(m)}$ die virtuelle Arbeit der äußeren Kräfte, bezogen auf die dem Zustande $w_m = 1$ zugeordneten Wege des (aus starren Gliedern aufgebauten) kinematischen Gebildes G_2.

Hiermit haben wir die Gl. (26) in allgemeinerer Bedeutung wiedergewonnen.

Es ist auch gestattet, bei gleichzeitiger Nullsetzung von $A_v^{(m)}$ an Stelle von α_{i0} α_{k0} und Δl_{r0} die Temperaturglieder α_{it} α_{kt} und Δl_{rt} zu setzen, wodurch Gl. (19a) erhalten wird.

Führt man die geometrischen Gl. (39) in Gl. (41) ein, so erhält man die Elastizitätsgleichungen zur Bestimmung der Größen w_m. Dabei wird der Koeffizient von w_n in der m-ten Gleichung:

$$a_{mn} = \sum_r (M_i^{(m)} \alpha_i^{(n)} + M_k^{(m)} \alpha_k^{(n)} + N_r^{(m)} \Delta l_r^{(n)}), \quad (42)$$

wodurch die Gleichungen (41) in die Form übergehen:

$$\sum_n a_{mn} w_n = A_v^{(m)} + \sum M_i^{(m)} \alpha_{i0} + M_k^{(m)} \alpha_{k0} + N_r^{(m)} \Delta l_{r0}; \quad m = 1, 2 \ldots \varrho. \quad (43)$$

Die rechte Seite von Gl. (42) bedeutet die virtuelle Arbeit äußerer Knotenlasten $M_i^{(m)}$ $M_k^{(m)}$ und $N_r^{(m)}$ an den durch die Lasten $M_i^{(n)}$ $M_k^{(n)}$ und $N_r^{(n)}$ verursachten Wegen. Der auf beide Zustände angewandte Reziprozitätssatz besagt, daß die rechte Seite bei Vertauschung der Indizes (m) und (n) ihren Wert behält, daraus folgt:

$$a_{nm} = a_{mn}.$$

25. Deutung der rechten Seiten L_m. Satz von der Lastverteilung auf die Knoten.

Die rechte Seite der Gl. (43), die mit L_m bezeichnet werde, läßt sich anschaulich deuten. Stellen wir uns vor, daß bei einem Rahmenwerk sämtliche Grundkoordinaten zwangsweise auf Null gehalten werden, so verschwinden auch alle Größen ν, μ und λ. Alle Knoten liegen daher unverschiebbar und undrehbar fest; d. h. jeder Stab ist beiderseits an starre Lager angeschlossen zu denken und überträgt dementsprechend die auf ihn wirkenden Lasten unabhängig von den übrigen Stäben auf die Knoten. Die dabei in den Endquerschnitten auftretenden Kräfte lassen sich mit Hilfe der früher in Abb. 46 angegebenen Kräfte K' und K'' bei statisch bestimmter Stützung des isolierten Stabes darstellen, zu welchen jetzt Momente $M_i^{(0)}$ $M_k^{(0)}$ und Kräfte $N_r^{(0)}$ mit den dadurch bedingten Auflagerkräften hinzutreten, die z. B. so groß sind, daß sie gerade die Sehnentangentenwinkel α_{i0} α_{k0} und die Sehnenstreckung Δl_{r0} rückgängig machen. Wir schließen daraus, daß die Kräfte $M_i^{(0}$ $M_k^{(0)}$ und $N_r^{(0)}$, als äußere Knotenlasten auf das sonst unbelastete Rahmenwerk aufgebracht, die Knoten relativ zur Sehne um die Winkel $-\alpha_{i0}$ und $-\alpha_{k0}$ drehen und den Abstand der Knoten um $-\Delta l_{r0}$ ändern. Auf diesen Zustand und den Zustand $w_m = 1$ angewandt, zeigt der Reziprozitätssatz, daß $M_i^{(m)} \alpha_{i0} + M_k^{(m)} \alpha_{k0} + N_r^{(m)} \Delta l_{r0}$ gleich der Arbeit derjenigen Kräfte $M_i^{(0)}$ $M_k^{(0)}$ und $N_r^{(0)}$ ist, welche vom Stab auf die Knoten übertragen werden, geleistet an den Verschiebungen der Kette G_2 infolge $w_m = 1$. Faßt man diese Beträge mit $A_0^{(m)}$ zur Summe L_m zusammen, so stellt diese die Arbeit aller von den Stäben auf die Knoten übertragenen Kräfte dar.

Zusammenfassend sprechen wir den Satz aus: Die Grundkoordinaten dürfen unter Zugrundelegen einer ausschließlichen Knotenbelastung des Rahmenwerks ermittelt werden, die aus den Kräften besteht, welche von den Stäben auf die starr im Raum fixierten Knoten übertragen würden.

Ist ν_i eine Grundkoordinate, so wird offenbar der Beitrag eines Stabes zu L_i gleich $M_i^{(0)}$ und wenn Δl_r eine Grundkoordinate ist ebenso gleich $-N_r^{(0)} = H_r^{(0)}$, wobei $M_i^{(0)}$ und $H_r^{(0)}$ Einspannmoment und Horizontalschub des starr eingespannten Bogenstabes bedeuten.

Weil bei den unbelasteten Stäben zugleich der richtige Formänderungszustand erhalten wird, gilt weiter der Satz:

Infolge der Knotenbelastung erhält man für die unbelasteten Stäbe die wirklichen Spannungszustände. Ein einfaches Beispiel soll zur Erläuterung dienen.

Der einhüftige, aus zwei Stäben bestehende Rahmen nach Abb. 47 sei fest eingespannt, der wagrechte Stab erhalte eine gleichmäßig verteilte Belastung. Auf den starr gedachten Knoten wird das Moment $\frac{pl^2}{12}$ übertragen. Denken wir nur dieses Moment am Knoten wirkend, so gilt für die beiden Endmomente in den Stäben:

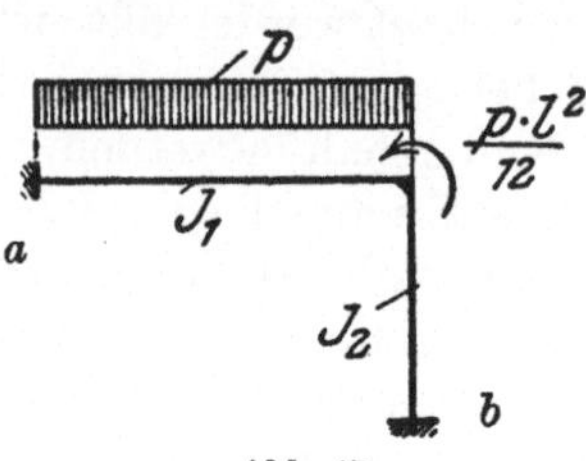

Abb. 47.

$$M_1 + M_2 = \frac{pl_1^2}{12},$$

$$M_2 : M_1 = \frac{l_1}{J_1} : \frac{l_2}{J_2}.$$

Hieraus folgt:

$$M_2 = \frac{pl_1^2}{12} \frac{l_1 J_2}{l_2 J_1 + l_1 J_2}$$

und dieses ist bereits das wirkliche Eckmoment. Gl. (10a) auf Stab 2 angewandt liefert

$$\nu_i = -\frac{M_2}{4} l_2'.$$

Weiter ergibt Gl. (10b) angewandt auf Stab 2 und Stab 1

$$M_b = \frac{M_2}{2}$$

und

$$M_a = -\frac{2\nu_i}{l_1'} + \frac{pl_1^2}{12} = \frac{pl_1^2}{24} \cdot \frac{3 l_2 J_1 + 2 l_1 J_2}{l_2 J_1 + l_1 J_2}.$$

26. Einfache und mehrfache symmetrische Stockwerkrahmen, Beispiele.

Der einfache symmetrische Stockwerkrahmen. Das Verfahren möge an dem in Abb. 48 dargestellten Beispiel mit 3 Geschossen entwickelt werden. Die Übertragung auf den Rahmen mit n Geschossen ist dabei ohne weiteres ersichtlich. Als Grundkoordi-

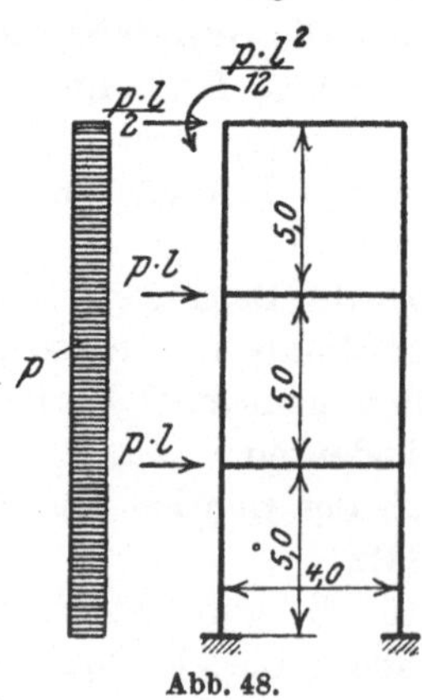

Abb. 48.

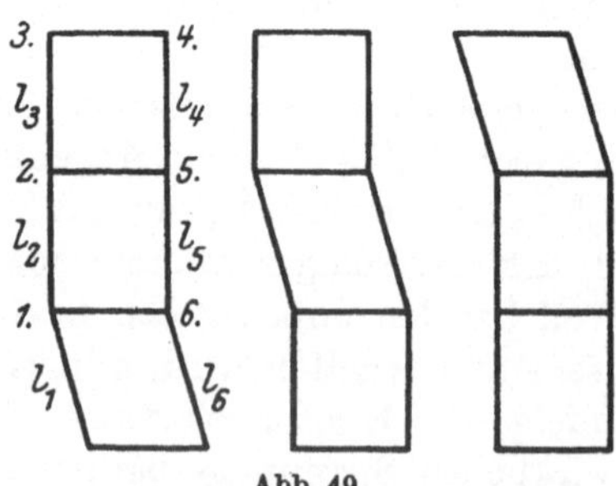

Abb. 49.

naten werden 6 Knotendrehwinkel und 3 Größen μ eingeführt. Die Verschiebungszustände der Kette G_1 sind in Abb. 49 dargestellt, sie liefern $\quad \varphi_{11} = \varphi_{61} = 1, \quad \varphi_{22} = \varphi_{52} = 1, \quad \varphi_{33} = \varphi_{42} = 1,$

alle übrigen φ_{rm} sind Null. Zur Abkürzung werde für einen Stiel $\frac{EJ}{l} = \varrho$ und für einen Balken $\frac{EJ}{l} = \sigma$ gesetzt. Dann hat man

$$\begin{aligned}
a_{11} &= 4(\varrho_1 + \varrho_2 + \sigma_1) = a_{66}, & a_{12} &= 2\varrho_2 = a_{56}, & a_{16} &= 2\sigma_1, \\
a_{22} &= 4(\varrho_2 + \varrho_3 + \sigma_2) = a_{55}, & a_{23} &= 2\varrho_3 = a_{45}, & a_{25} &= 2\sigma_2, \\
a_{33} &= 4(\varrho_3 + \sigma_3) \qquad = a_{44}, & & & a_{34} &= 2\sigma_3,
\end{aligned}$$

$$\begin{aligned}
b_{11} &= 6\varrho_1, & c_{11} &= 12(\varrho_1 + \varrho_6) = 24\varrho_1, \\
b_{22} = b_{12} &= 6\varrho_2, & c_{22} &= 12(\varrho_2 + \varrho_5) = 24\varrho_2, \\
b_{33} = b_{23} &= 6\varrho_3, & c_{33} &= 12(\varrho_3 + \varrho_4) = 24\varrho_3.
\end{aligned}$$

Die Gleichungen (11a) und (11b) lassen sich in folgendem Schema anordnen:

ν_1	ν_2	ν_3	ν_4	ν_5	ν_6	μ_1	μ_2	μ_3	
a_{11}	a_{12}				a_{16}	$6\varrho_1$	$6\varrho_2$		L_1
a_{21}	a_{22}	a_{23}		a_{25}			$6\varrho_2$	$6\varrho_3$	L_2
	a_{32}	a_{33}	a_{34}					$6\varrho_3$	L_3
		a_{43}	a_{33}	a_{32}				$6\varrho_3$	L_4
	a_{52}		a_{23}	a_{22}	a_{21}		$6\varrho_2$	$6\varrho_3$	L_5
a_{61}				a_{12}	a_{11}	$6\varrho_1$	$6\varrho_2$		L_6
$6\varrho_1$					$6\varrho_1$	$24\varrho_1$			L_7
$6\varrho_2$	$6\varrho_2$			$6\varrho_2$	$6\varrho_2$		$24\varrho_2$		L_8
	$6\varrho_3$	$6\varrho_3$	$6\varrho_3$	$6\varrho_3$				$24\varrho_3$	L_9

Für die weitere Umformung sei:

$$x_1 = \nu_1 + \nu_6, \qquad x_2 = \nu_2 + \nu_5, \qquad x_3 = \nu_3 + \nu_4,$$

und

$$y_1 = \nu_1 - \nu_6, \qquad y_2 = \nu_2 - \nu_5, \qquad y_3 = \nu_3 - \nu_4$$

gesetzt.

Durch Addition der 1. und 6, 2. und 5., 3. und 4. Gl. hat man:

$$\begin{aligned}
&(a_{11}+a_{16})x_1 + a_{12}\,x_2 + 12\varrho_1\mu_1 + 12\varrho_2\mu_2 = L_1 + L_6, \\
&a_{21}\,x_1 + (a_{22}+a_{25})x_2 + a_{23}\,x_3 + 12\varrho_2\mu_2 + 12\varrho_3\mu_3 = L_2 + L_5, \\
&a_{32}\,x_2 + (a_{33}+a_{34})x_3 + 12\varrho_3\mu_3 = L_3 + L_4, \\
&6\varrho_1\,x_1 + 24\varrho_1\mu_1 = L_7, \\
&6\varrho_2\,x_1 + 6\varrho_2\,x_2 + 24\varrho_2\mu_2 = L_8, \\
&6\varrho_3\,x_2 + 6\varrho_3\,x_3 + 24\varrho_3\mu_3 = L_9.
\end{aligned}$$

Entfernt man mit Hilfe der drei letzten Gleichungen $\mu_1\,\mu_2\,\mu_3$ aus den drei ersten Gleichungen, so erhält man für die Größen $x_1\,x_2\,x_3$ ein System dreigliedriger Gleichungen, das in der für n Geschosse verallgemeinerten Form lautet:

$$\left.\begin{aligned}
(\varrho_1+\varrho_2+6\sigma_1)\,x_1-\varrho_2\,x_2 &= L_1+L_{2n}-\tfrac{1}{2}(L_{2n+1}+L_{2n+2})\\
-\varrho_2\,x_2+(\varrho_2+\varrho_3+6\sigma_2)\,x_2-\varrho_3\,x_3 &= L_2+L_{2n-1}-\tfrac{1}{2}(L_{2n+2}+L_{2n+3})\\
&\vdots\\
-\varrho_i x_{i-1}+(\varrho_i+\varrho_{i+1}+6\sigma_i)\,x_i-\varrho_{i+1}x_{i+1} &= L_i+L_{2n-i+1}-\tfrac{1}{2}(L_{2n+i}+L_{2n+i+1})\\
&\vdots\\
-\varrho_n\,x_{n-1}+(\varrho_n+6\sigma_n)\,x_n &= L_n+L_{n+1}-\tfrac{1}{2}L_{3n}\,.
\end{aligned}\right\}\quad(44)$$

Subtrahiert man die Gl. (1) und (6), (2) und (5), (3) und (4), so erhält man ein zweites System dreigliedriger Gleichungen für die Bestimmung der Größen y von der Form:

$$\left.\begin{aligned}
(2\varrho_1+2\varrho_2+\sigma_1)\,y_1+\varrho_2\,y_2 &= \tfrac{1}{2}(L_1-L_{2n})\\
\varrho_2\,y_2+(2\varrho_2+2\varrho_3+\sigma_2)\,y_3+\varrho_3 y_3 &= \tfrac{1}{2}(L_2-L_{2n+1})\\
&\vdots\\
\varrho_i\,y_{i-1}+(2\varrho_i+2\varrho_{i+1}+\sigma_i)\,y_i+\varrho_{i+1}\,y_{i+1} &= \tfrac{1}{2}(L_i-L_{2n-i+1})\\
&\vdots\\
\varrho_n\,y_{n-1}+(2\varrho_n+\sigma_n)\,y_n &= \tfrac{1}{2}(L_n-L_{n+1})\,.
\end{aligned}\right\}\quad(45)$$

Für die Koordinaten μ hat man zuletzt:

$$\left.\begin{aligned}
\mu_1 &= \tfrac{1}{4}\left(\frac{L_{2n+1}}{6\cdot\varrho_1}-x_1\right)\\
\mu_2 &= \tfrac{1}{4}\left(\frac{L_{2n+2}}{6\cdot\varrho_2}-x_1-x_2\right)\\
&\vdots\\
\mu_n &= \tfrac{1}{4}\left(\frac{L_{3n}}{6\cdot\varrho_n}-x_{n-1}-x_n\right).
\end{aligned}\right\}\quad(46)$$

Als Zahlenbeispiel mögen drei gleich hohe Geschosse von je 5 m bei einer Breite $l=4{,}0$ m angenommen werden. Die Trägheitsmomente der Stiele von unten nach oben gezählt seien proportional den Zahlen 8, 6, 5 und die der Unterzüge proportional 6, 6, 5. Setzen wir noch $J_c=5$, dann hat man:

$$\varrho_1=\frac{8}{5\cdot 5{,}0}=0{,}32\,,\quad \sigma_1=\frac{6}{5\cdot 4{,}0}=0{,}3\,,\quad \varrho_1+\varrho_2+6\sigma_1=2{,}36\,,$$

$$\varrho_2=\frac{6}{5\cdot 5{,}0}=0{,}24\,,\quad \sigma_2=\frac{6}{5\cdot 4{,}0}=0{,}3\,,\quad \varrho_2+\varrho_3+6\sigma_2=2{,}24\,,$$

$$\varrho_3=\frac{5}{5\cdot 5{,}0}=0{,}2\,,\quad \sigma_3=\frac{5}{5\cdot 4{,}0}=0{,}25\,,\quad \varrho_3+6\sigma_3=1{,}7\,.$$

Bei einer gleichmäßig verteilten horizontalen Belastung der linken Wand ist die bei Festlegung der Knoten ermittelte Knotenbelastung in Abb. 48 dargestellt. An den Knoten 1 und 2 werden je 2 sich aufhebende Momente erhalten. Zum Ansatz kommen daher nur die Auflagerdrücke von der Größe pl, am Knoten 3 ist die Kraft $\frac{pl}{2}$ und das Moment $\frac{pl^2}{12}$ in Rechnung zu stellen. Daher ist:

$$L_1 = L_2 = 0\,,\quad L_3 = -\frac{pl^2}{12}\,,\quad L_4 = L_5 = L_6 = 0\,.$$

Da ferner dem Drehwinkel 1 eines Stieles eine Parallelverschiebung der über demselben liegenden Geschosse der Kette G_1 um den Betrag l nach links entspricht, wird weiter:

$$L_7 = -\frac{5pl}{2}\cdot l\,,\quad L_8 = -\frac{3}{2}pl^2\,,\quad L_9 = -\frac{pl^2}{2}\,.$$

Für die Größen x und y lauten hiermit die Gleichungssysteme:

$$\begin{aligned}
2{,}36\,x_1 - 0{,}24\,x_2 \qquad\qquad &= 2\,pl^2\,,\\
-0{,}24\,x_1 + 2{,}24\,x_2 - 0{,}2\;\;x_3 &= pl^2\,,\\
-0{,}2\;\;x_2 + 1{,}7\;\;x_3 &= \frac{pl^2}{6}\,,\\
1{,}42\,y_1 + 0{,}24\,y_2 \qquad\qquad &= 0\,,\\
0{,}24\,y_1 + 1{,}18\,y_2 + 0{,}2\;\;y_3 &= 0\,,\\
0{,}2\;\;y_2 + 0{,}65\,y_3 &= -\frac{pl^2}{24}\,.
\end{aligned}$$

Die Auflösungen sind:

$$\begin{aligned}
x_1 &= 0{,}9042\,pl^2 & y_1 &= -0{,}0013\,pl^2\\
x_2 &= 0{,}5579\,pl^2 & y_2 &= 0{,}0077\,pl^2\\
x_3 &= 0{,}1637\,pl^2 & y_3 &= -0{,}0665\,pl^2.
\end{aligned}$$

Hieraus folgen die Werte für die Knotendrehwinkel:

$$\begin{aligned}
\nu_1 &= 0{,}4515\,pl^2 & \nu_6 &= 0{,}4527\,pl^2\\
\nu_2 &= 0{,}2828\,pl^2 & \nu_5 &= 0{,}2751\,pl^2\\
\nu_3 &= 0{,}0486\,pl^2 & \nu_4 &= 0{,}1151\,pl^2,
\end{aligned}$$

weiter erhält man die Stabdrehwinkel:

$$\mu_1 = \tfrac{1}{4}\left(-\frac{5\,pl^2}{12\cdot 0{,}32} - 0{,}9042\,pl^2\right) = -0{,}5516\,pl^2\,,$$

$$\mu_2 = \tfrac{1}{4}\left(-\frac{3\,pl^2}{12\cdot 0{,}24} - 1{,}4621\,pl^2\right) = -0{,}6259\,pl^2\,,$$

$$\mu_3 = \tfrac{1}{4}\left(-\frac{pl^2}{12\cdot 0{,}2} - 0{,}7216\,pl^2\right) = -0{,}2846\,pl^2\,.$$

Mit Hilfe der Formeln (10a) und (10b) ist man jetzt in der Lage, jedes beliebige Eckmoment sofort anzugeben. Man findet am linken Stiel von unten nach oben gezählt:

$$\left.\begin{aligned} M &= -\varrho_1(2\nu_1+6\mu_1) \qquad + \frac{pl^2}{12} = 0{,}8534\,pl^2 \\ M &= -\varrho_1(4\nu_1+6\mu_1) \qquad - \frac{pl^2}{12} = 0{,}3979\,pl^2 \end{aligned}\right\} \text{für Stab } 1\,,$$

$$\left.\begin{aligned} M &= -\varrho_2(4\nu_1+2\nu_2+6\mu_2) + \frac{pl^2}{12} = 0{,}4154\,pl^2 \\ M &= -\varrho_2(2\nu_1+4\nu_2+6\mu_2) - \frac{pl^2}{12} = 0{,}3298\,pl^2 \end{aligned}\right\} \text{für Stab } 2\,,$$

$$\left.\begin{aligned} M &= -\varrho_3(4\nu_2+2\nu_3+6\mu_3) + \frac{pl^2}{12} = 0{,}1791\,pl^2 \\ M &= -\varrho_3(2\nu_2+4\nu_3+6\mu_3) - \frac{pl^2}{12} = 0{,}1062\,pl^2 \end{aligned}\right\} \text{für Stab } 3\,.$$

Am rechten Stiel fällt das Glied $\pm\frac{pl^2}{12}$ weg und an Stelle von $\nu_1\,\nu_2\,\nu_3$ treten $\nu_6\,\nu_5\,\nu_4$. Von unten nach oben aufgezählt hat man die Momente:

$$0{,}7693 \quad 0{,}4796 \quad 0{,}3347 \quad 0{,}4199 \quad 0{,}0754 \quad 0{,}1394\,pl^2.$$

Zur Probe sollen die Endmomente am Unterzug über dem dritten Geschoß ermittelt werden:

links: $-\sigma_3\,(4\,\nu_3 + 2\,\nu_4) = -0{,}25\,(0{,}1944 + 0{,}2302) = -0{,}1062\,p\,l^2$,
rechts: $-\sigma_3\,(2\,\nu_3 + 4\,\nu_4) = -0{,}25\,(0{,}0972 + 0{,}4604) = -0{,}1394\,p\,l^2$.

Diese Werte stehen in Einklang mit den am Stiel gefundenen Werten.
Am Unterzug über dem ersten Geschoß findet man:

links: $-\sigma_1\,(4\,\nu_1 + 2\,\nu_6) = -0{,}3\,(1{,}8060 + 0{,}9054) = -0{,}8134\,pl^2$,
rechts: $-\sigma_1\,(2\,\nu_1 + 4\,\nu_6) = -0{,}3\,(0{,}9030 + 1{,}8108) = -0{,}8141\,pl^2$.

Bildet man mit Benutzung von 3 Dezimalen die Knotengleichungen an den Punkten 1 und 6, so erhält man als Proben:

links: $0{,}398 + 0{,}415 - 0{,}813 = 0$,
rechts: $0{,}4796 + 0{,}3347 - 0{,}814 = 0$.

Weiterhin möge der Einfluß einer Einzellast auf die Endmomente des Unterzuges über dem ersten Geschoß ermittelt werden, wobei wir den Unterzug nach links durch ein auskragendes Stück verlängert denken (Abb. 50).

Zwecks Ermittlung der Knotendrehwinkel führen wir als Belastung die Momente des starr eingespannten Stabes infolge einer Einzellast ein:

$$M_1^{(0)} = Pl\omega' \quad \text{und} \quad -M_6^{(0)} = Pl\omega\,,$$

ω und ω' sind die in Nr. 12 erwähnten Zahlen, für dieselben gelten die Beziehungen $\omega + \omega' = \omega_R$ und $\omega - \omega' = \omega_D - \omega'_D$.

Die Lastglieder werden jetzt:

$$L_1 = Pl\omega' - P_1 x \quad \text{und} \quad L_6 = -Pl\omega.$$

Alle übrigen Lastglieder sind Null. Die Auflösungen der Gleichungen (44) und (45) liefern:

$$x_1 = 0{,}4284\,(L_1 + L_6); \quad y_1 = 0{,}3654\,(L_1 - L_6).$$

Für die Endmomente am Unterzug hat man:

$$\overline{M_1} = -\sigma_1\,(4\nu_1 + 2\nu_6) = -0{,}3\,(3\,x_1 + y_1)\,,$$
$$\overline{M_6} = -\sigma_1\,(2\nu_1 + 4\nu_6) = -0{,}3\,(3\,x_1 - y_1)\,.$$

Zu diesen Werten hat man nach Gl. (10a) bzw. (10b) noch die Werte $M_1^{(0)} = Pl\omega'$ und $M_6^{(0)} = -Pl\omega$ hinzuzufügen.

Dadurch findet man:

$$M_1 = [0{,}1144\,(\omega'_D - \omega_D) + 0{,}3904\,\omega_R]\,Pl + 0{,}4952\,P_1\,x\,,$$
$$-M_6 = [0{,}1144\,(\omega_D - \omega'_D) + 0{,}3904\,\omega_R]\,Pl - 0{,}2760\,P_1\,x\,.$$

Die zugehörigen Einflußlinien sind in Abb. 50 dargestellt.

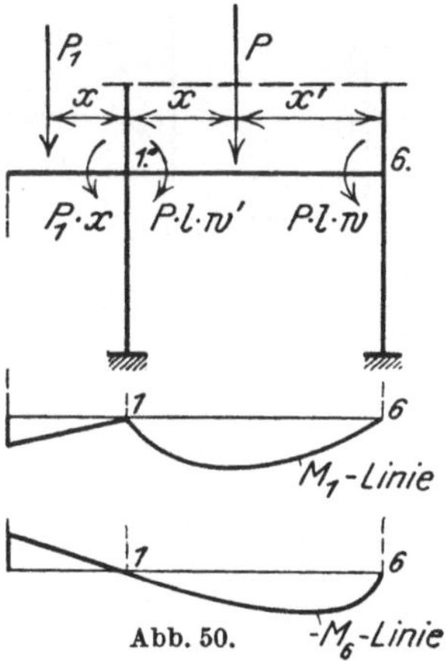

Abb. 50.

Bei mehrfachen Stockwerkrahmen (Abbild. 51a—b) bezeichnen wir die Knotendrehwinkel des m-Balkens mit:

$$\nu_{m1} \quad \nu_{m2} \quad \nu_{m3} \quad \nu_{m4} \ldots$$

Die Stabdrehwinkel der beiden anliegenden Geschosse seien:

$$\mu_m \quad \text{und} \quad \mu_{m+1}.$$

Diesen Größen entsprechen bei dem zweifachen Stockwerkrahmen Elastizitätsgleichungen von folgender Form:

$$\begin{aligned}
a_{11}\nu_{m1} + a_{12}\nu_{m2} \qquad\qquad\quad + \beta\nu_{m-1,1} + \gamma\nu_{m+1,1} + b\mu_m + c\mu_{m+1} &= L_{m1},\\
a_{21}\nu_{m1} + a_{22}\nu_{m2} + a_{21}\nu_{m3} + \delta\nu_{m-1,2} + \varepsilon\nu_{m+1,2} + d\mu_m + e\mu_{m+1} &= L_{m2},\\
a_{21}\nu_{m2} + a_{11}\nu_{m3} + \beta\nu_{m-1,3} + \gamma\nu_{m+1,3} + b\mu_m + c\mu_{m+1} &= L_{m3},\\
b\nu_{m1} + d\nu_{m2} + b\nu_{m3} + b\nu_{m-1,1} + d\nu_{m-1,2} + b\nu_{m-1,3} + c_{11}\mu_m &= L_m,\\
c\nu_{m1} + e\nu_{m2} + c\nu_{m3} + c\nu_{m+1,1} + e\nu_{m+1,2} + c\nu_{m+1,3} + c_{22}\mu_{m+1} &= L_{m+1}.
\end{aligned}$$

Für Stiele des m-ten Geschosses und die Felder des m-ten Balkens seien die Größen $\frac{EJ}{l}$ wie in der Abb. 51a angegeben, mit ϱ_m σ_m und s_m bezeichnet. Dann hat man in obigen Gleichungen:

$$a_{11} = 4(\varrho_m + \varrho_{m+1} + s_m), \qquad a_{12} = 2 s_m,$$
$$a_{22} = 4(\sigma_m + \sigma_{m+1} + 2 s_m),$$
$$\beta = 2\varrho_m, \quad \gamma = 2\varrho_{m+1}, \quad \delta = 2\sigma_m, \quad \varepsilon = 2\sigma_{m+1},$$
$$b = 6\varrho_m, \quad d = 6\sigma_m, \quad c_{11} = 12(2\varrho_m + \sigma_m),$$
$$c = 6\varrho_{m+1}, \quad e = 6\sigma_{m+1}, \quad c_{22} = 12(2\varrho_{m+1} + \sigma_{m+1}).$$

Zwecks Auflösung der Gleichungen setzen wir:

$$x_m = \nu_{m1} + \nu_{m3}, \qquad \xi_m = 2\nu_{m2}.$$

Durch Addition der ersten und dritten Gleichung, sowie durch Entfernung von μ_m und μ_{m+1} mit Hilfe der beiden letzten Gleichungen, erhält man für die Bestimmung der Größen x_m und ξ_m das System:

$$\alpha_m x_{m-1} + \beta_m \xi_{m-1} + a_m x_m + b_m \xi_m + \alpha_{m+1} x_{m+1} + \beta_{m+1} \xi_{m+1} = R_m,$$
$$\beta_m x_{m-1} + \gamma_m \xi_{m-1} + b_m x_m + c_m \xi_m + \beta_{m+1} x_{m+1} + \gamma_{m+1} \xi_{m+1} = \mathsf{P}_m.$$

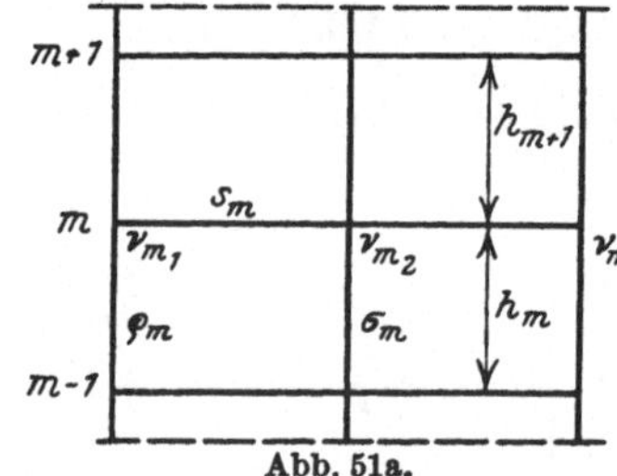

Abb. 51a.

Hierbei ist:

$$a_m = a_{11} - \frac{6\varrho_m^2}{2\varrho_m + \sigma_m} - \frac{6\varrho_{m+1}^2}{2\varrho_{m+1} + \sigma_{m+1}},$$
$$b_m = a_{12} - \frac{3\varrho_m \sigma_m}{2\varrho_m + \sigma_m} - \frac{3\varrho_{m+1}\sigma_{m+1}}{2\varrho_{m+1} + \sigma_{m+1}},$$
$$c_m = \frac{a_{22}}{2} - \frac{3}{2}\frac{\sigma_m^2}{2\varrho_m + \sigma_m} - \frac{3}{2}\frac{\sigma_{m+1}^2}{2\varrho_{m+1} + \sigma_{m+1}},$$

$$\alpha_m = 2\varrho_m - \frac{6\varrho_m^2}{2\varrho_m + \sigma_m}, \qquad \beta_m = -\frac{3\varrho_m \sigma_m}{2\varrho_m + \sigma_m}, \qquad \gamma_m = \sigma_m - \frac{3}{2}\frac{\sigma_m^2}{3\varrho_m + \sigma_m},$$

$$R_m = L_{m1} + L_{m3} - \frac{\varrho_m}{2\varrho_m + \sigma_m} L_m - \frac{\varrho_{m+1}}{2\varrho_{m+1} + \sigma_{m+1}} L_{m+1},$$

$$\mathsf{P}_m = L_{m2} - \frac{\sigma_m}{2\varrho_m + \sigma_m} L_m - \frac{\sigma_{m+1}}{2\varrho_{m+1} + \sigma_{m+1}} \cdot L_{m+1}.$$

Will man Querschnittsänderungen im einzelnen Balkenfeld berücksichtigen, so hat man nur in a_{11} a_{22} und a_{12} die Koeffizienten 4 und 2 der Größen s_m nach den Angaben in Nr. 19 abzuändern. Zur Aufstellung der Schlußgleichungen hat man bei n Geschossen überall die mit dem Index $n+1$ behafteten Glieder wegzulassen. Setzt man weiter:

$$y_m = \nu_{m1} - \nu_{m3},$$

so erhält man für die Ermittlung dieser Größen durch Subtraktion der 3 von der 1 Gleichung das System dreigliedriger Gleichungen:

$$2\varrho_m y_{m-1} + a_{11} y_m + 2\varrho_{m+1} y_{m+1} = L_{m1} - L_{m3}.$$

Bei dreifachen Stockwerkrahmen besitzen die Elastizitätsgleichungen folgende Form:

ν_{m1}	ν_{m2}	ν_{m3}	ν_{m4}	μ_m	μ_{m+1}		
a_{11}	a_{12}			b	c	$+\beta\nu_{m-1,1}+\gamma\nu_{m+1,1}$	$=L_{m1}$
a_{21}	a_{22}	a_{23}		d	e	$+\delta\nu_{m-1,2}+\varepsilon\nu_{m+1,2}$	$=L_{m2}$
	a_{23}	a_{22}	a_{12}	d	e	$+\delta\nu_{m-1,3}+\varepsilon\nu_{m+1,3}$	$=L_{m3}$
		a_{12}	a_{11}	b	c	$+\beta\nu_{m-1,4}+\gamma\nu_{m+1,4}$	$=L_{m4}$
b	d	d	b	c_{11}		$+b\nu_{m-1,1}+d\nu_{m-1,2}+d\nu_{m-1,3}+b\nu_{m-1,4}$	$=L_m$
c	e	e	c		c_{22}	$+c\nu_{m+1,1}+e\nu_{m+1,2}+e\nu_{m+1,3}+c\nu_{m+1,4}$	$=L_{m+1}$

Die Größen $\frac{EJ}{l}$ seien für die Stäbe des Geschosses mit $\varrho_m\ \sigma_m\ s_m$ und t_m (Abb. 51b) bezeichnet, dann gilt:

$$a_{11}=4(\varrho_m+\varrho_{m+1}+s_m), \qquad a_{12}=2s_m,$$
$$a_{22}=4(\sigma_m+\sigma_{m+1}+s_m+t_m), \qquad a_{23}=2t_m,$$
$$\beta=2\varrho_m, \quad \gamma=2\varrho_{m+1}, \quad \delta=2\sigma_m, \quad \varepsilon=2\sigma_{m+1},$$
$$b=6\varrho_m, \quad d=6\sigma_m, \quad c_{11}=24(\varrho_m+\sigma_m),$$
$$c=6\varrho_{m+1}, \quad e=6\sigma_{m+1}, \quad c_{22}=24(\varrho_{m+1}+\sigma_{m+1}).$$

Zwecks Auflösung der Gleichungen setzen wir:

$$x_m=\nu_{m1}+\nu_{m4}, \qquad \xi_m=\nu_{m2}+\nu_{m3}$$

und erhalten wie bei den zweifachen Stockwerkrahmen Gleichungen von der Form

$$\alpha_m x_{m-1}+\beta_m\xi_{m-1}+a_m x_m+b_m\xi_m+\alpha_{m+1}x_{m+1}+\beta_{m+1}\xi_{m+1}=R_m,$$
$$\beta_m x_{m-1}+\gamma_m\xi_{m-1}+b_m x_m+c_m\xi_m+\beta_{m+1}x_{m+1}+\gamma_{m+1}\xi_{m+1}=\mathsf{P}_m.$$

Hierbei hat man:

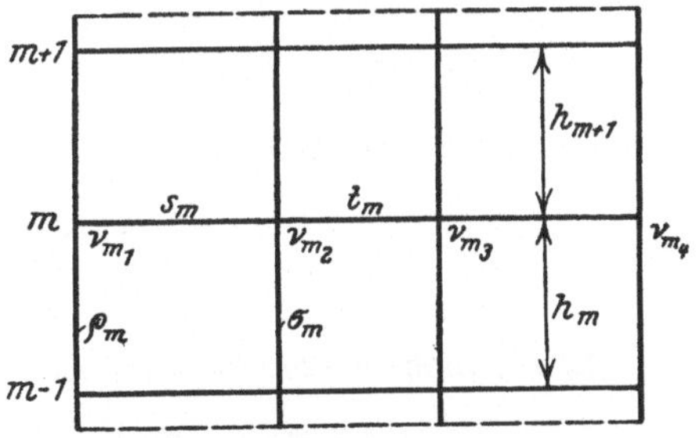

$$a_m=a_{11}-\frac{3\varrho_m^2}{\varrho_m+\sigma_m}-\frac{3\varrho_{m+1}^2}{\varrho_{m+1}+\sigma_{m+1}},$$
$$b_m=a_{12}-\frac{3\varrho_m\sigma_m}{\varrho_m+\sigma_m}-\frac{3\varrho_{m+1}\sigma_{m+1}}{\varrho_{m+1}+\sigma_{m+1}},$$
$$c_m=a_{22}+a_{23}-\frac{3\sigma_m^2}{\varrho_m+\sigma_m}-\frac{3\sigma_{m+1}^2}{\varrho_{m+1}+\sigma_{m+1}},$$

Abb. 51b.

$$\alpha_m=2\varrho_m-\frac{3\varrho_m^2}{\varrho_m+\sigma_m}, \qquad \beta_m=-\frac{3\varrho_m\sigma_m}{\varrho_m+\sigma_m}, \qquad \gamma_m=2\sigma_m-\frac{3\sigma_m^2}{\varrho_m+\sigma_m},$$
$$R_m=L_{m1}+L_{m4}-\frac{\varrho_m}{2(\varrho_m+\sigma_m)}L_m-\frac{\varrho_{m+1}}{2(\varrho_{m+1}+\sigma_{m+1})}L_{m+1},$$
$$\mathsf{P}_m=L_{m2}+L_{m3}-\frac{\sigma_m}{2(\varrho_m+\sigma_m)}L_m-\frac{\sigma_{m+1}}{2(\varrho_{m+1}+\sigma_{m+1})}L_{m+1}.$$

Über die Berücksichtigung der Querschnittsänderungen innerhalb eines Balkenfeldes, sowie über die Schlußgleichungen gilt das bei den zweifachen Rahmen Gesagte.

Setzt man weiter:

$$y_m = \nu_{m1} - \nu_{m4} \quad \eta_m = \nu_{m2} - \nu_{m3},$$

so erhält man für die Berechnung dieser Größen folgendes System:

$$2\varrho_m y_{m-1} \quad + a_{11} y_m + a_{12} \eta_m \quad + 2\varrho_{m+1} y_{m+1} \quad = L_{m1} - L_{m4},$$
$$2\sigma_m \eta_{m-1} + a_{12} y_m + (a_{22} - a_{23}) \eta_m \quad + 2\sigma_{m+1} \eta_{m+1} = L_{m2} - L_{m3}.$$

Dieses System besitzt dieselbe Form, wie das für die Ermittlung der Größen x und ξ aufgestellte.

Die allgemeine Lösung solcher Gleichungen läßt sich auf folgende Weise bewirken. Mit Hilfe des ersten Gleichungspaares drücken wir x_1 und ξ_1 durch x_2 und ξ_2 aus und setzen diese Werte in das zweite Gleichungspaar ein. Mit Hilfe dieser umgeformten Gleichungen lassen sich x_2 und ξ_2 durch x_3 und ξ_3 ausdrücken und in das folgende Gleichungspaar einführen. Durch Fortsetzung dieses Prozesses erhalte man an m-ter Stelle:

$$\overline{a_m}\, x_m + \overline{b_m}\, \xi_m + \alpha_{m+1}\, x_{m+1} + \beta_{m+1}\, \xi_{m+1} = R'_m,$$
$$\overline{b_m}\, x_m + \overline{c_m}\, \xi_m + \beta_{m+1}\, x_{m+1} + \gamma_{m+1}\, \xi_{m+1} = \mathsf{P}'_m.$$

Um die gesetzmäßige Bildung der vorkommenden Größen zu erkennen, setzen wir die zur Auflösung dienenden Koeffizienten gleich:

$$a'_m \quad b'_m \quad c'_m.$$

Es sei also:

$$a'_m = \frac{1}{\varDelta}\overline{c_m}, \quad b'_m = -\frac{1}{\varDelta}\overline{b_m}, \quad c'_m = \frac{1}{\varDelta}\overline{a_m}, \quad \varDelta = \overline{a_m}\,\overline{c_m} - \overline{b^2_m}.$$

Weiter werde gesetzt:

$$x_{0m} = a'_m R'_m + b'_m \mathsf{P}'_m,$$
$$\xi_{0m} = b'_m R'_m + c'_m \mathsf{P}'_m.$$

Schließlich definieren wir noch folgende Größen:

$$p_i(m) = a'_i \alpha^2_m + 2b'_i \alpha_m \beta_m + c'_i \beta^2_m,$$
$$r_i(m) = a'_i \alpha_m \beta_m + b'_i (\alpha_m \gamma_m + \beta^2_m) + c'_i \beta_m \gamma_m,$$
$$q_i(m) = a'_i \beta^2_m + 2b'_i \beta_m \gamma_m + c'_i \gamma^2_m.$$

Hiermit liefert das Gleichungspaar an $(m-1)$-ter Stelle:

$$x_{m-1} = x_{0\,m-1} - a'_{m-1}(\alpha_m x_m + \beta_m \xi_m) - b'_{m-1}(\beta_m x_m + \gamma_m \xi_m),$$
$$\xi_{m-1} = \xi_{0\,m-1} - b'_{m-1}(\alpha_m x_m + \beta_m \xi_m) - c'_{m-1}(\beta_m x_m + \gamma_m \xi_m).$$

Setzt man diese Werte in das nächste Gleichungspaar ein, so findet man:

$$\overline{a_m} = a_m - p_{m-1}(m)\,,$$
$$\overline{b_m} = b_m - r_{m-1}(m)\,,$$
$$\overline{c_m} = c_m - q_{m-1}(m)\,,$$
$$R'_m = R_m - (\alpha_m x_{0\,m-1} + \beta_m \xi_{0\,m-1})\,,$$
$$\mathsf{P}'_m = \mathsf{P}_m - (\beta_m x_{0\,m-1} + \gamma_m \xi_{0\,m-1})\,.$$

Die auszuführenden Operationen lassen sich leicht an folgendem Schema überblicken:

$a_1\ b_1$	$a'_1\ b'_1$	R_1	x_{01}
c_1	c'_1	P_1	ξ_{01}
$a_2 - p_1(2)\ b_2 - r_1(2)$	$a'_2\ b'_2$	$R_2 - (\alpha_2 x_{01} + \beta_2 \xi_{01})$	x_{02}
$c_2 - q_1(2)$	c'_2	$\mathsf{P}_2 - (\beta_2 x_{01} + \gamma_2 \xi_{01})$	ξ_{02}
$a_3 - p_2(3)\ b_3 - r_2(3)$	$a'_3\ b'_3$	$R_3 - (\alpha_3 x_{02} + \beta_3 \xi_{02})$	x_{03}
$c_3 - q_2(3)$	c'_3	$\mathsf{P}_3 - (\beta_3 x_{02} + \gamma_3 \xi_{02})$	ξ_{03}

— — — — — — — — — — — — — — — — — —

Die erste Spalte enthält die Werte $\overline{a_m}$ $\overline{b_m}$ und $\overline{c_m}$, die zweite Spalte die zugehörigen Auflösungskoeffizienten, die dritte Spalte die Werte R'_m und P'_m. Mit Hilfe der zweiten und dritten Spalte werden die Werte $x_{0\,m}$ und $\xi_{0\,m}$ bestimmt.

Bei n Geschossen liefert die Schlußoperation:

$$x_n = x_{0n} \quad \xi_n = \xi_{0n}\,.$$

Alle anderen Werte lassen sich jetzt mit Hilfe der oben aufgestellten Rekursionsformeln für x_{m-1} und ξ_{m-1} finden.

Als Beispiel diene der dreifache Stockwerkrahmen eines Hochhauses mit 9 Geschossen bei horizontaler Windbelastung. Für die Stiele eines Geschosses sind die Trägheitsmomente gleich groß gewählt. Die Werte für $\varrho_m = \sigma_m$, s_m und t_m sind in Abb. 51c angegeben. Bei den Balken sei infolge von Endverstärkungen:

$$z_{ii} = z_{kk} = 6{,}5 \quad z_{ik} = 4{,}0.$$

Man hat zunächst für $m = 1$:

$$a_{11} = 4\,(1{,}359 + 0{,}874) + 6{,}5 \cdot 0{,}154 \qquad = 9{,}933,$$

$$a_{22} = 4\,(1{,}359 + 0{,}874) + 6{,}5\,(0{,}154 + 0{,}182) = 11{,}116,$$

$$a_{12} = 4 \cdot 0{,}154 = 0{,}616 \qquad a_{23} = 4 \cdot 0{,}182 \quad = \ 0{,}728,$$

in gleicher Weise findet man für $m = 2, 3 \ldots$

m	a_{11}	a_{22}	a_{12}	a_{23}	m	a_{11}	a_{22}	a_{12}	a_{23}
2.	7,877	9,060	0,616	0,728	6.	4,053	5,236	0,616	0,728
3.	7,085	8,268	0,616	0,728	7.	4,148	6,462	1,184	1,424
4.	5,869	7,052	0,616	0,728	8.	3,376	5,690	1,184	1,424
5.	4,881	6,064	0,616	0,728	9.	4,730	9,658	2,564	3,032

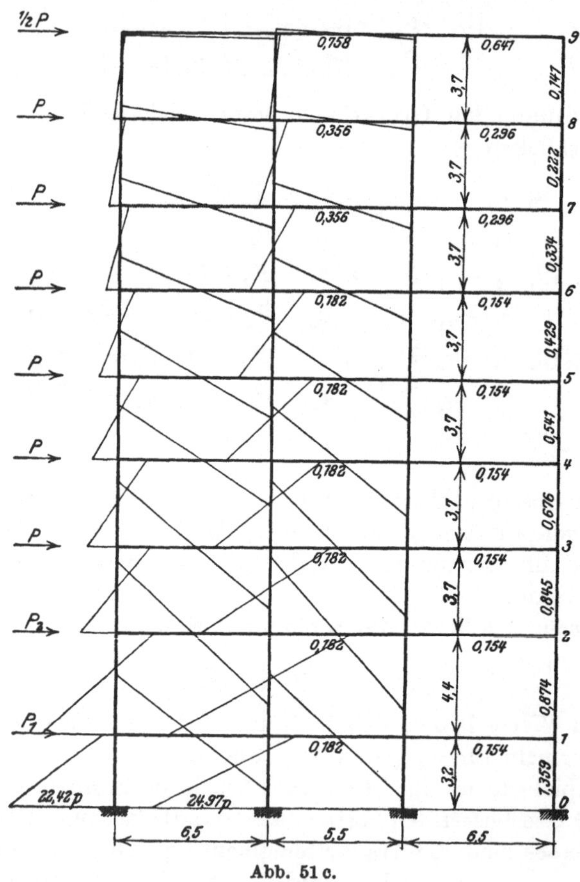

Abb. 51 c.

Jetzt bestimmt man weiter:

$$a_1 = 9{,}933 \qquad - \frac{3}{2}(1{,}359 + 0{,}874) = \quad 6{,}584\,,$$

$$b_1 = 0{,}616 \qquad - \frac{3}{2}(1{,}359 + 0{,}874) = -2{,}733\,,$$

$$c_1 = 11{,}116 + 0{,}728 - \frac{3}{2}(1{,}359 + 0{,}874) = \quad 8{,}494\,,$$

$$\alpha_1 = \frac{1}{2} \cdot 1{,}359 = 0{,}680\,; \qquad \beta_1 = -\frac{3}{2} \cdot 1{,}359 = -2{,}038\,; \qquad \gamma_1 = 0{,}680\,;$$

ebenso:

m	a_m	b_m	c_m	$\alpha_m = \gamma_m$	β_m
2.	5,299	— 1,962	7,210	0,437	— 1,311
3.	4,804	— 1,665	6,715	0,422	— 1,267
4.	4,044	— 1,209	5,955	0,338	— 1,014
5.	3,426	— 0,839	5,337	0,270	— 0,812
6.	2,909	— 0,528	4,820	0,215	— 0,644
7.	3,314	+ 0,350	7,052	0,167	— 0,501
8.	2,832	0,640	6,570	0,111	— 0,333
9.	4,519	2,353	12,479	0,070	— 0,212

Wir gelangen jetzt zur Berechnung der beiden ersten Spalten des aufgestellten Schemas:

$$\begin{array}{cc|l} 6{,}584 & -2{,}733 & a_1' = 0{,}1753 \quad b_1' = 0{,}0564\,, \\ & 8{,}494 & \qquad\qquad\quad\; c_1' = 0{,}1359\,, \end{array}$$

$$p_1(2) = 0{,}1753 \cdot 0{,}437^2 - 2 \cdot 0{,}0564 \cdot 0{,}437 \cdot 1{,}311 + 0{,}1359 \cdot 1{,}311^2 = 0{,}20273\,,$$

$$q_1(2) = 0{,}1753 \cdot 1{,}311^2 - 2 \cdot 0{,}0564 \cdot 0{,}437 \cdot 1{,}311 + 0{,}1359 \cdot 0{,}437^2 = 0{,}26262\,,$$

$$r_1(2) = -0{,}1753 \cdot 0{,}437 \cdot 1{,}311 + 0{,}0564\,(0{,}437^2 + 1{,}311^2) - 0{,}1359 \cdot 1{,}311 \cdot 0{,}437 = -0{,}07058\,,$$

$$\begin{array}{ll|ll} a_2 - p_1(2) = 5{,}097\,, & b_2 - r_1(2) = -1{,}891 & a_2' = 0{,}2182\,, & b_2' = 0{,}0594\,, \\ & c_2 - q_1(2) = 6{,}947 & & c_2' = 0{,}1601\,. \end{array}$$

In der gleichen Weise findet man weiter:

m	a_m'	b_m'	c_m'	m	a_m'	b_m'	c_m'
2	0,2182	0,0594	0,1601	6	0,3603	0,0368	0,2168
3	0,2388	0,0585	0,1706	7	0,3092	— 0,0172	0,1446
4	0,2735	0,0542	0,1853	8	0,3644	— 0,0368	0,1568
5	0,3135	0,0472	0,2006	9	0,2463	— 0,0467	0,0891

Die linksseitige Windlast betrage $p\ t/m$. Wir haben dabei:

$$L_{m2} = L_{m3} = L_{m4} = 0.$$

Ferner wird $L_{m1} = 0$ mit Ausnahme von $m = 1$, 2 und 9, man hat:

$$L_{11} = \frac{p}{12}(4{,}4^2 - 3{,}2^2)\,,$$

$$L_{21} = \frac{p}{12}(3{,}7^2 - 4{,}4^2)\,,$$

$$L_{91} = -\frac{p}{12} \cdot 3{,}7^2\,.$$

Bei Verteilung der Lasten auf die Knoten hat man weiter:

$$P_1 = p \cdot 3{,}8 \qquad P_2 = p \cdot 4{,}05 \qquad P = p \cdot 3{,}7$$

und findet hiermit

$$L_1 = -h_1 (P_1 + P_2 + 6{,}5\,P) = -h_1 \cdot 31{,}90\,p\,,$$
$$L_2 = -h_2 (P_2 + 6{,}5\,P) = -h_2 \cdot 28{,}10\,p\,,$$
$$L_3 = -h \cdot 6{,}5\,P\,,\quad L_4 = -h \cdot 5{,}5\,P\,,\quad L_5 = -h \cdot 4{,}5\,P\,,$$
$$L_6 = -h \cdot 3{,}5\,P\,,\quad L_7 = -h \cdot 2{,}5\,P\,,\quad L_8 = -h \cdot 1{,}5\,P\,,$$
$$L_9 = -h \cdot 0{,}5\,P\,.$$

Hieraus folgen die Belastungsglieder:

$$R_1 = \frac{p}{12}(4{,}4^2 - 3{,}2^2) + \frac{1}{4} h_1 \cdot 31{,}9\,p + \frac{1}{4} h_2 \cdot 28{,}10\,p = 57{,}190\,p\,,$$

$$\mathsf{P}_1 = \frac{1}{4} h_1 \cdot 31{,}9\,p + \frac{1}{4} h_2 \cdot 28{,}10\,p = 56{,}430\,p\,.$$

In gleicher Weise erhält man:

$$R_2 = 52{,}684\,p \qquad \mathsf{P}_2 = 53{,}156\,p.$$

Ferner:

m	$R_m = \mathsf{P}_m$	m	$R_m = \mathsf{P}_m$
3.	41,07	6.	20,535
4.	34,225	7.	13,69
5.	27,38	8.	6,845

$$R_9 = \frac{p}{12} \cdot 3{,}7^2 + p \cdot \frac{3{,}7}{4} \cdot 1{,}85 = 0{,}570 \cdot p$$

$$\mathsf{P}_9 = p \cdot \frac{3{,}7}{4} \cdot 1{,}85 = 1{,}711 \cdot p$$

Jetzt kann die Berechnung der dritten und vierten Spalte des Schemas erfolgen:

$$x_{01} = 0{,}1753 \cdot 57{,}19 + 0{,}0564 \cdot 56{,}43 = 13{,}208 \cdot p\,,$$
$$\xi_{01} = 0{,}0564 \cdot 57{,}19 + 0{,}1359 \cdot 56{,}43 = 10{,}894 \cdot p\,,$$
$$R_2 - (\alpha_2 x_{01} + \beta_2 \xi_{01}) = 52{,}684 - (0{,}437 \cdot 13{,}208 - 1{,}311 \cdot 10{,}894)$$
$$= 61{,}194 \cdot p\,,$$
$$\mathsf{P}_2 - (\beta_2 x_{01} + \gamma_2 \xi_{01}) = 53{,}156 - (-1{,}311 \cdot 13{,}208 + 0{,}437 \cdot 10{,}894)$$
$$= 65{,}711 \cdot p\,,$$
$$x_{02} = 0{,}2182 \cdot 61{,}194 + 0{,}0594 \cdot 65{,}711 = 17{,}256 \cdot p\,,$$
$$\xi_{02} = 0{,}0594 \cdot 61{,}194 + 0{,}1601 \cdot 65{,}711 = 14{,}155 \cdot p\,.$$

Ebenso findet man:

m	x_{0m}	ξ_{0m}	m	x_{0m}	ξ_m
3.	15,683	12,742	7.	4,464	2,241
4.	13,928	10,759	8.	2,288	1,006
5.	11,833	8,706	9.	0,0518	0,1652
6.	9,459	6,566			

Mit Hilfe der Rekursionsformeln erhalten wir jetzt die Resultate:

$$x_9 = x_{09} = 0{,}0518 \cdot p\,,$$
$$\xi_9 = \xi_{09} = 0{,}1652 \cdot p\,,$$

$$\alpha_9 x_9 + \beta_9 \xi_9 = 0{,}070 \cdot 0{,}0518 - 0{,}212 \cdot 0{,}1652 = -0{,}0314\,,$$
$$\beta_9 x_9 + \gamma_9 \xi_9 = -0{,}212 \cdot 0{,}0518 + 0{,}070 \cdot 0{,}1652 = +0{,}0006\,,$$
$$x_8 = 2{,}288 + (0{,}3644 \cdot 0{,}0314 + 0{,}0368 \cdot 0{,}0006) = 2{,}299 \cdot p,$$
$$\xi_8 = 1{,}006 + (-0{,}0368 \cdot 0{,}0314 - 0{,}1568 \cdot 0{,}0006) = 1{,}005 \cdot p\,.$$

Ebenso erhält man:

$x_7 = 4{,}477$	$x_6 = 9{,}679$	$x_5 = 12{,}814$	$x_4 = 15{,}572 \cdot p\,,$
$\xi_7 = 2{,}334$	$\xi_6 = 6{,}983$	$\xi_5 = 9{,}769$	$\xi_4 = 12{,}441 \cdot p\,,$
$x_3 = 18{,}116$	$x_2 = 20{,}754$	$x_1 = 16{,}742 \cdot p\,,$	
$\xi_3 = 15{,}148$	$\xi_2 = 17{,}492$	$\xi_1 = 14{,}335 \cdot p\,.$	

Zum Schluß erhält man die Stabdrehwinkel:

$$\mu_m = \frac{L_m}{24\,(\varrho_m + \sigma_m)} - \frac{1}{4}\,\frac{\varrho_m}{\varrho_m + \sigma_m}\,(x_m + x_{m-1}) - \frac{1}{4}\,\frac{\sigma_m}{\varrho_m + \sigma_m}\,(\xi_m + \xi_{m-1}),$$

$\mu_1 = -\ \ 5{,}450 \cdot p$	$\mu_6 = -7{,}233$
$\mu_2 = -11{,}613$	$\mu_7 = -5{,}069$
$\mu_3 = -11{,}133$	$\mu_8 = -3{,}192$
$\mu_4 = -\ \ 9{,}980$	$\mu_9 = -1{,}451$
$\mu_5 = -\ \ 8{,}697$	

Die Gleichungen für y und η lassen sich bedeutend schneller erledigen. L_{m2} L_{m3} L_{m4} sind bei vorliegender Windbelastung gleich Null. L_{m1} ist von Null verschieden, wenn die anliegenden Geschosse $m - 1$ und m verschiedene Höhe haben, oder verschieden belastet sind, z. B. durch nach oben zunehmenden Winddruck. Schließlich hat man:

$$L_{n1} = -p \cdot \frac{h_n^2}{12} = -1{,}141\,p\,.$$

Die drei ersten Gleichungspaare lauten:

$$9{,}933\,y_1 + 0{,}616\,\eta_1 + 1{,}748\,y_2 = 0{,}760 \cdot p$$
$$0{,}616\,y_1 + 10{,}388\,\eta_1 + 1{,}748\,\eta_2 = 0$$
$$1{,}748\,y_1 + 7{,}877\,y_2 + 0{,}616\,\eta_2 + 1{,}690\,y_3 = -0{,}472\,p$$
$$1{,}748\,\eta_1 + 0{,}616\,y_2 + 8{,}332\,\eta_2 + 1{,}690\,\eta_3 = 0$$
$$1{,}690\,y_2 + 7{,}085\,y_3 + 0{,}616\,\eta_3 + 1{,}352\,y_4 = 0$$
$$1{,}690\,\eta_2 + 0{,}616\,y_3 + 7{,}540\,\eta_3 + 1{,}352\,\eta_4 = 0.$$

Die beiden Knotenlasten haben nur geringen Einfluß und pflanzen sich vor allem nach oben hin nur unmerklich fort. Man wird daher

$y_1\, \eta_1\, y_2\, \eta_2$ genau genug erhalten unter Annahme y_4 und η_4 seien gleich Null. Das allgemeine Lösungsschema liefert dann:

$$y_3 = y_{03} \qquad \eta_3 = \eta_{03}$$

und die Zahlenrechnung liefert:

$$(y_3 = 0{,}0204) \qquad y_2 = -0{,}0848 \qquad y_1 = 0{,}0918 \cdot p$$
$$(\eta_3 = -0{,}0035) \qquad \eta_2 = 0{,}0084 \qquad \eta_1 = -0{,}0069 \cdot p$$

In entsprechender Weise macht sich der Einfluß von L_{n1} nur in den oberen Geschossen bemerkbar. Setzt man für die Ermittlung von $y_n\, \eta_n\, y_{n-1}\, \eta_{n-1}$ an Stelle von y_{n-2} und η_{n-2} Null, so findet man mit Hilfe des 7. bis 9. Gleichungspaares:

$$(y_7 = -0{,}0042) \qquad y_8 = 0{,}0323 \qquad y_9 = -0{,}3081$$
$$(\eta_7 = 0{,}0025) \qquad \eta_8 = -0{,}0172 \qquad \eta_9 = 0{,}1200.$$

Die Knotendrehwinkel werden bei Stütze 1 und 4 durch

$$\frac{1}{2}(x + y) \quad \text{und} \quad \frac{1}{2}(x - y)$$

dargestellt, bei den Stützen 2 und 3 gelten die Ausdrücke:

$$\frac{1}{2}(\xi + \eta) \quad \text{und} \quad \frac{1}{2}(\xi - \eta)\,.$$

Man findet z. B. bei Stütze 1:

$$\nu_1 = 8{,}417 \quad \nu_2 = 10{,}334 \quad \nu_3 = 9{,}068 \quad \nu_4 = 7{,}786 \quad \nu_5 = 6{,}407$$
$$\nu_6 = 4{,}839 \quad \nu_7 = 2{,}236 \quad \nu_8 = 1{,}165 \quad \nu_9 = -0{,}1281$$

und bei Stütze 2:

$$\nu_1 = 7{,}164 \quad \nu_2 = 8{,}750 \quad \nu_3 = 7{,}572 \quad \nu_4 = 6{,}220 \quad \nu_5 = 4{,}884$$
$$\nu_6 = 3{,}491 \quad \nu_7 = 1{,}179 \quad \nu_8 = 0{,}494 \quad \nu_9 = 0{,}143.$$

Die Formeln (10a) und 10b) liefern jetzt die einzelnen Eckmomente an den Stäben.

Z. B. hat man im unteren Stockwerk am linken Stiel:

$$\text{unten:} \quad -(2 \cdot 8{,}417 - 6 \cdot 5{,}450)\, 1{,}359 \cdot p + \frac{p \cdot 3{,}2^2}{12} = 22{,}415 \cdot p\,,$$

$$\text{oben:} \quad -(4 \cdot 8{,}417 - 6 \cdot 5{,}450) \cdot 1{,}359 \; - \frac{p \cdot 3{,}2^2}{12} = -2{,}169 \cdot p.$$

Am linken Balkenfeld über dem ersten Stock hat man:

$$\text{links:} \quad -(6{,}5 \cdot 8{,}417 + 4 \cdot 7{,}164) \cdot 0{,}154 \cdot p = -12{,}838\, p\,,$$
$$\text{rechts:} \quad -(6{,}5 \cdot 7{,}164 + 4 \cdot 8{,}417) \cdot 0{,}154 \cdot p = -12{,}356\, p\,.$$

Für den linken Seiten- und Mittelstiel, sowie das Seiten- und Mittelfeld der Balken sind die Eckmomente in Abb. 51c dargestellt.

Die nachfolgende Zusammenstellung enthält ebenfalls die an den Stäben wirkenden Momente, nach Knotenpunkten des Seiten- und Mittelstieles geordnet. Die Zuverlässigkeit der Rechnung geht aus dem Wert für die Summe der an einem Knoten erhaltenen Momente hervor, dessen Abweichung von Null nirgends den Betrag von 5 Einheiten der zweiten Dezimale erreicht.

	Stiel I		Balken	Σ	Stiel II		Balken		Σ
	unter m	über m			unter m	über m	Seite	Mitte	
0.		22,41				24,97			
1.	—2,17	15,02	—12,84	0,01	5,50	20,56	—12,36	—13,67	0,03
2.	8,44	7,33	—15,73	0,04	17,79	14,07	—15,12	—16,72	0,02
3.	7,19	6,57	—13,74	0,02	16,06	11,60	—13,16	—14,47	0,03
4.	6,02	5,59	—11,62	—0,01	13,42	9,49	—11,02	—11,89	0,0
5.	4,80	4,61	— 9,42	—0,01	10,93	7,24	— 8,84	— 9,33	0,0
6.	3,68	3,34	— 6,99	0,03	8,44	4,71	— 6,47	— 6,67	0,01
7.	2,80	2,89	— 5,72	—0,03	6,25	2,99	— 4,91	— 4,37	—0,04
8.	1,08	1,75	— 2,83	0	3,29	0,91	— 2,33	— 1,87	0
9.	—0,170		+0,167	—0,003	1,01		— 0,27	— 0,77	—0,03

Für den Fall, daß die einzelnen Geschosse einander gleich gemacht werden, läßt sich eine sehr kurze Berechnung durchführen. Diese Betrachtung ist insofern von Nutzen, als sich die Ergebnisse auch dann anwenden lassen, wenn etwa drei aufeinander folgende Geschosse ungefähr in den Querschnitten und Höhen übereinstimmen. Das mittlere dieser Geschosse läßt sich dann überschläglich unter der Annahme berechnen, daß seine Querschnitte durchweg vorhanden seien.

Wir fassen die Summe der Lasten über dem m-Geschoß zusammen zu:

$$Q_m = P_m + P_{m+1} + \cdots P_n$$

und erhalten:

$$Q_m = \left(n - m + \frac{1}{2}\right) P.$$

Dadurch hat man weiter:

$$L_m = -\left(n - m + \frac{1}{2}\right) P \cdot h\,,$$

$$L_{m+1} = -\left(n - m + \frac{1}{2}\right) P \cdot h\,,$$

$$R_m = -\frac{\varrho}{2(\varrho+\sigma)}(L_m + L_{m+1}) = \frac{\varrho}{\varrho+\sigma}(n-m) P h\,,$$

$$\mathsf{P}_m = \frac{\sigma}{\varrho+\sigma}(n-m) h P\,.$$

Die allgemeinen Gleichungen lauten:

$$\alpha x_{m-1} + \beta \xi_{m-1} + a x_m + b \xi_m + \alpha x_{m+1} + \beta \xi_{m+1} = \frac{\varrho}{\varrho+\sigma} Ph(n-m),$$

$$\beta x_{m-1} + \gamma \xi_{m-1} + b x_m + c \xi_m + \beta x_{m+1} + \gamma \xi_{m+1} = \frac{\sigma}{\varrho+\sigma} Ph(n-m).$$

Sie lassen sich als simultane Differenzengleichungen[1]) auffassen, deren partikuläre Lösungen durch folgende Ansätze gefunden werden:

$$x_m = C(n-m)\frac{Ph}{\varrho+\sigma}, \quad \xi_m = D(n-m)\frac{Ph}{\varrho+\sigma}.$$

Zur Bestimmung der Werte von C und D dienen folgende Gleichungen:

$$(a+2\alpha)C + (b+2\beta)D = \varrho,$$
$$(b+2\beta)C + (c+2\gamma)D = \sigma.$$

Dabei ist:

$$a+2\alpha = z_{ii}s + 12\frac{\varrho\sigma}{\varrho+\sigma}; \qquad b+2\beta = z_{ik}s - 12\frac{\varrho\sigma}{\varrho+\sigma};$$

$$c+2\gamma = z_{ii}s + (z_{ii}+z_{ik})t + 12\frac{\varrho\sigma}{\varrho+\sigma}.$$

Die angegebenen partikulären Lösungen genügen noch nicht dem 1. und dem $n$ten Gleichungspaar. Um dies zu erreichen, hat man die Lösungen der homogenen Gleichungen, d. h. der gleich Null gesetzten linken Seiten der Differenzengleichungen hinzuzufügen. Dieselben enthalten vier voneinander unabhängige Konstanten, zu deren Bestimmung die genannten 4 Gleichungen dienen.

Der Ansatz für die homogenen Lösungen lautet:

$$x_m = Au^m \qquad \xi_m = Bu^m,$$

setzt man diese Werte ein, so folgen als Bedingungsgleichungen:

$$A(\alpha u^2 + au + \alpha) + B(\beta u^2 + bu + \beta) = 0,$$
$$A(\beta u^2 + bu + \beta) + B(\gamma u^2 + cu + \gamma) = 0.$$

Daraus folgt zunächst für u die Bedingung:

$$(\alpha u^2 + au + \alpha)(\gamma u^2 + cu + \gamma) - (\beta u^2 + bu + \beta)^2 = 0.$$

Zur Lösung dieser reziproken Gleichung setzt man:

$$z = u + \frac{1}{u}$$

[1]) Eine ähnliche Verwendung simult. Differenzgl. findet der Leser in meinem Beitrage zu der Heinrich Müller-Breslau gewidmeten Festschrift 1912 über den den Pfostenträger mit ungleichen Gurtungen. Ferner sei auf meine Abhandlung in der Zeitschrift für Bauwesen 1909 hingewiesen, wo unter anderem ein Fall der Knickung eines Stockwerkrahmens mit Hilfe von Differenzengleichungen behandelt wird.

und erhält die in z quadratische Gleichung:

$$(\alpha z + a)(\gamma z + c) - (\beta z + b)^2 = 0.$$

Der Wert von B ist ferner durch den von A mit bestimmt, z. B. folgt aus der ersten Gleichung:

$$B = -\frac{\alpha u^2 + a u + \alpha}{\beta u^2 + b u + \beta} A.$$

Da 4 Wurzeln der Gleichung für u zur Verfügung stehen, erhält man als vollständige Lösung:

$$x_m = C(n - m)\frac{Ph}{\varrho + \sigma} + \sum_{i=1}^{4} A_i u_i^m,$$

$$\xi_m = D(n - m)\frac{Ph}{\varrho + \sigma} + \sum_{i=1}^{4} k_i A_i u_i^m.$$

Dabei ist:

$$k_i = -\frac{\alpha u_i^2 + a u_i + \alpha}{\beta u_i^2 + b u_i + \beta}.$$

Die beiden, einem Wurzelwert von z entsprechenden Zahlen u haben das Produkt 1. Die Bezeichungen seien so gewählt, daß

$$u_1 \cdot u_3 = 1 \qquad u_2 \cdot u_4 = 1,$$

wobei ferner u_3 und u_4 die Werte seien, deren absoluter Betrag größer als 1 ist. Die Werte $+1$ oder -1 sind für die Wurzeln u stets ausgeschlossen. Dabei wäre z gleich 0 oder 2. Da aber $ac - b^2$ von Null verschieden ist, kann z nicht zu Null werden. Setzt man ferner für z den Betrag 2 in die linke Seite der Bestimmungsgleichung für z ein, so geht diese in die Nennerdeterminante der Gleichungen für C und D über, daraus folgt, daß z nicht den Wert 2 haben kann. In praktischen Fällen sind, die Absolutwerte von u_3 und u_4 kräftig von 1 verschieden.

Um diese Bemerkung zu einer vereinfachten Ermittlung der Konstanten A zu benutzen, kann man folgende Überlegung anstellen. Belastet man die Knoten des obersten Stockwerks durch irgendein Gleichgewichtssystem von Kräften, so erhalten, wie ein Blick auf die Kette G_1 zeigt, nur die rechten Seiten des n-ten Gleichungspaares von Null verschiedene Werte. Da x_m und ξ_m oder y_m und η_m verschwinden, je nachdem auf das Rahmenwerk eine symmetrische oder eine antimetrische Belastung wirkt, wählen wir letztere gemäß Abb. 51d. M_1' und M_2' lassen sich dann so bestimmen, daß die rechten Seiten vorgeschriebene Werte R_n' und P_n' annehmen. Die partikulären Lösungen

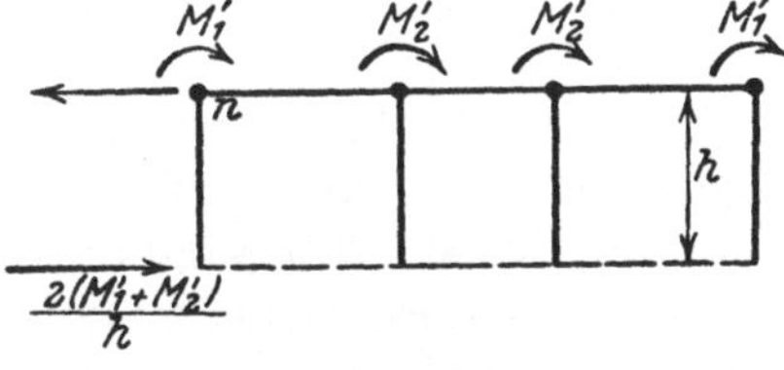

Abb. 51 d.

genügen den letzten Gleichungen nicht, die rechten Seiten mögen durch sie die Werte $R_n^{(p)}$ und $P_n^{(p)}$ annehmen. Setzt man jetzt:

$$R_n' = R_n - R_n^{(p)},$$
$$\mathsf{P}_n' = \mathsf{P}_n - \mathsf{P}_n^{(p)},$$

so entspricht diesen Werten eine Belastung des oberen Stockwerks, die, zu den gegebenen Lasten hinzugefügt, bewirkt, daß die partikulären Lösungen allen Gleichungen bis auf das erste Paar genügen. Als Gleichgewichtssystem dehnt aber diese Zusatzbelastung ihre Einwirkung nicht beträchtlich aus, bereits im dritten Geschoß von oben wird der Einfluß unmerklich sein, so daß die partikulären Lösungen ohne Änderung beibehalten werden können. Die wichtige Modifikation in den unteren Geschossen rührt von dem Nichterfülltsein des ersten Gleichungspaares her, oder anders ausgedrückt: durch die Wahl der Größen A ist zu erzwingen, daß x_0 und ξ_0 die Werte Null annehmen. Man kann diese Forderung wieder so interpretieren, daß durch Hinzufügen von Kräften am unteren Geschoß die richtigen Auflagerkräfte, welche bei Geltung der partikulären Lösungen noch nicht vorhanden sind, hergestellt werden.

Der Einfluß dieser Kräfte kann sich nicht weit nach oben erstrecken und diese Bemerkung berechtigt zu dem Schluß, daß A_3 und A_4 sehr kleine Beträge sein müssen, die wir bei der Bestimmung von A_1 und A_2 ganz außer Betracht lassen dürfen. Die Bedingungen $x_0 = 0$ und $\xi_0 = 0$ lauten hiermit:

$$A_1 + A_2 + Cn\frac{Ph}{\varrho+\sigma} = 0,$$
$$k_1 A_1 + k_2 A_2 + Dn\frac{Ph}{\varrho+\sigma} = 0.$$

Hiermit gelangt man zu:

$$x_m = C(n-m)\frac{Ph}{\varrho+\sigma} - \frac{nPh}{(\varrho+\sigma)(k_2-k_1)}\left[(Ck_2-D)u_1^m + (D-k_1C)u_2^m\right],$$
$$\xi_m = D(n-m)\frac{Ph}{\varrho+\sigma} - \frac{nPh}{(\varrho+\sigma)(k_2-k_1)}\left[k_1(Ck_2-D)u_1^m + k_2(D-k_1C)u_2^m\right].$$

27. Formeln für Rahmenwerke mit gekrümmten Stäben. Bogenbrücken mit 2 und 3 Öffnungen und eingespannten Mittelstielen. Unsymmetrische Bögen. Unsymmetrische Bogenbrücken mit 2 und 3 Öffnungen.

Der im allgemeinen dem Zustand $w_m = 1$ zugeordneten und in Nr. 24 aufgestellten Elastizitätsgleichung (41) geben wir mit Benutzung der unter Nr. 25 erfolgten Reduktion einer beliebigen Belastung auf reine Knotenbelastung die Form:

$$\sum_r M_i^{(m)}\alpha_i + M_k^{(m)}\alpha_k + N_r^{(m)}\Delta l_r = L_m. \tag{47}$$

Bei gekrümmten Stäben empfiehlt es sich, an Stelle der Endmomente M_i und M_k sowie der Sehnenkraft N_r ein äquivalentes Kräftesystem, bestehend aus den Kräften X und Y sowie dem Moment Z, nach Abb. 52 einzuführen. Die beiden Kräftesysteme stehen in folgender Beziehung zueinander:

$$\left.\begin{aligned} M_i &= \quad Xe + Y\frac{l}{2} - Z \\ M_k &= -Xe + Y\frac{l}{2} + Z \\ N_r &= -X\,. \end{aligned}\right\} \quad (48)$$

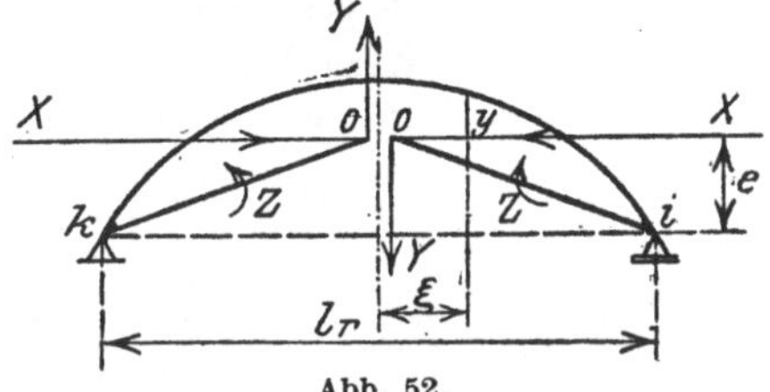

Abb. 52.

Sind α_i und α_k Drehwinkel und Δl_r Zunahme der Sehnenlänge im Sinne von M_i, M_k bzw. N_r, so folge durch die Substitutionen (48) die Gleichung:

$$M_i\,\alpha_i + M_k\,\alpha_k + N_r\,\Delta l_r = X\delta_1 + Y\delta_2 + Z\delta_3\,. \quad (49)$$

Dem Prinzip der virtuellen Verrückungen gemäß bedeuten dabei die Größen δ_1 δ_2 die Verschiebungskomponenten der zugleich mit α_i α_k und Δl_r erfolgenden Verrückungen des Punktepaares 0 im Sinne von X und Y genommen, sowie δ_3 die Änderung des Winkels zwischen den beiden von 0 nach den Auflagern geführten starren Stäben im Sinne von Z genommen.

Die Substitution (48) liefert:

$$\left.\begin{aligned} \delta_1 &= e\;(\alpha_i - \alpha_k) - \Delta l_r \\ \delta_2 &= \frac{l}{2}\,(\alpha_i + \alpha_k) \\ \delta_3 &= -(\alpha_i - \alpha_k)\,. \end{aligned}\right\} \quad (50)$$

In der Gl. (49) dürfen die auftretenden Kraftgrößen und Verschiebungen völlig unabhängig voneinander gedacht werden, die einzelnen Gruppen müssen lediglich unter sich äquivalent bzw. miteinander verträglich sein.

Insbesondere mögen den Werten $M_i^{(m)}$ $M_k^{(m)}$ und $N_r^{(m)}$ die Größen $X^{(m)}$ $Y^{(m)}$ und $Z^{(m)}$ zugeordnet sein, dann ersetzen wir das von einem Bogenstab herrührende Glied der Gl. (47) durch den Ausdruck:

$$X^{(m)}\,\delta_1 + Y^{(m)}\,\delta_2 + Z^{(m)}\,\delta_3\,. \quad (47\text{a})$$

Zur Bestimmung der hier benutzten, dem Verschiebungszustand $w_m = 1$ entsprechenden Bogenkräfte stellen wir zunächst die allgemein gültigen Elastizitätsgleichungen für die Größen X Y und Z auf. Diese lassen sich bekanntlich durch passende Wahl von e auf die einfache Form bringen:

$$\left.\begin{aligned} \delta_{1,0} + X\cdot\delta_{xx} &= \delta_1 \\ \delta_{2,0} + Y\cdot\delta_{yy} &= \delta_2 \\ \delta_{3,0} + Z\cdot\delta_{zz} &= \delta_3\,. \end{aligned}\right\} \quad (51)$$

δ_1 δ_2 und δ_3 bedeuten jetzt tatsächliche Verschiebungen, entsprechend den bei gegebener Belastung auftretenden Größen α_i α_k und Δl_r.

$\delta_{1,0}$ $\delta_{2,0}$ und $\delta_{3,0}$ sind dagegen ihre Werte, die bei dem nach Abb. 52 statisch bestimmt gestützten Stab bei fehlenden X Y und Z nur infolge am Stab wirkender äußerer Einflüsse auftreten würden. Aus den Gl. (51) folgt nunmehr bei Berücksichtigung von (50):

$$\left.\begin{aligned} X &= \frac{1}{\delta_{xx}}\left[e(\alpha_i - \alpha_k) - \Delta l_r\right] + X^{(0)} \\ Y &= \frac{1}{\delta_{yy}}\frac{l}{2}(\alpha_i + \alpha_k) \qquad + Y^{(0)} \\ Z &= -\frac{1}{\delta_{zz}}(\alpha_i - \alpha_k) \qquad + Z^{(0)}. \end{aligned}\right\} \tag{52}$$

Die mit dem oberen Index (0) versehenen Größen sind der Reihe nach gleich:

$$-\frac{\delta_{1,0}}{\delta_{xx}}; \qquad -\frac{\delta_{2,0}}{\delta_{yy}}; \qquad -\frac{\delta_{3,0}}{\delta_{zz}},$$

sie bedeuten die Bogenkräfte bei beiderseits starrer Einspannung.

In die Gleichungen (52) lassen sich jetzt durch Verwendung von (39) oder (40) die Grundkoordinaten einführen, wobei gemäß den Ausführungen unter Nr. 24 die Größen Δl, welche etwa vorhandenen überzähligen Stäben entsprechen, aus der Zahl der Grundkoordinaten ausscheiden. Die Gl. (52) erhalten schließlich die Form:

$$\left.\begin{aligned} X &= -\frac{1}{\delta_{xx}}\left[e(\nu_i - \nu_k) + \Delta l_r\right] + X^{(0)} \\ Y &= -\frac{1}{\delta_{yy}}\frac{l}{2}(\nu_i + \nu_k + 2\vartheta_r) + Y^{(0)} \\ Z &= \frac{1}{\delta_{zz}}(\nu_i - \nu_k) \qquad + Z^{(0)} \end{aligned}\right\} \tag{53}$$

Zur Vermeidung von Vorzeichenfehlern sei bemerkt, daß die Anwendung dieser Formeln auf den einzelnen Bogenstab solche Bezeichnungen voraussetzt, daß bei einem positiven Umfahren der aus Bogen und Sehne bestehenden Figur der Bogen in der Richtung von i nach k durchlaufen wird. Als Beispiel diene die in Abb. 53 dargestellte Bogenbrücke mit zwei Öffnungen. Sämtliche Knoten seien steif ausgebildet oder starr angeschlossen. Das zugehörige Stabsystem G in Abb. 53a ist statisch unbestimmt, wir kommen daher mit zwei Grundkoordinaten aus: dem Knotendrehwinkel ν am Kopf der Mittelstütze und der Sehnenänderung λ des linken Bogens.

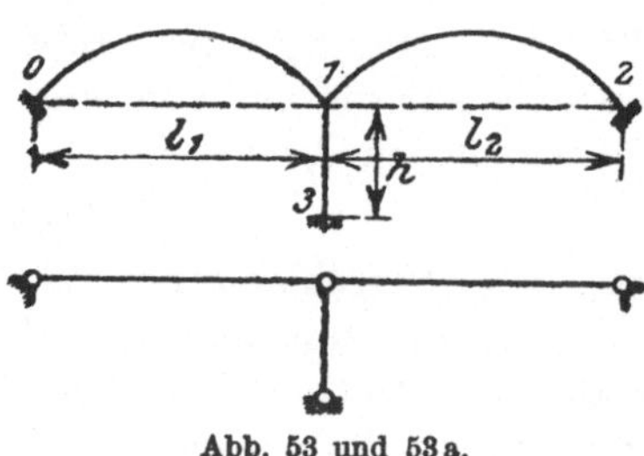

Abb. 53 und 53a.

Für den rechten Bogen hat man $\lambda_2 = -\lambda$.

Weiter gilt für beide Bögen $\vartheta_1 = \vartheta_2 = 0$ und für die Stütze:

$$\vartheta_3 = -\frac{\lambda}{h}.$$

Zunächst notieren wir die nach Ermittlung von ν und λ zur Bestimmung der maßgebenden Bogenkräfte dienenden Formeln:

$$\left.\begin{aligned} X_1 &= -\frac{1}{\delta_{xx}}(e\nu + \lambda) + X_1^{(0)} & X_2 &= \frac{1}{\delta_{xx}}(e\nu + \lambda) + X_2^{(0)} \\ Y_1 &= -\frac{1}{\delta_{yy}} \cdot \frac{l}{2} \cdot \nu + Y_1^{(0)} & Y_2 &= -\frac{1}{\delta_{yy}} \frac{l}{2} \cdot \nu + Y_2^{(0)} \\ Z_1 &= \frac{1}{\delta_{zz}} \cdot \nu + Z_1^{(0)} & Z_2 &= -\frac{1}{\delta_{zz}} \cdot \nu + Z_2^{(0)} \end{aligned}\right\} \quad (54)$$

sowie für die Stütze nach Gl. (10a) und (10b):

$$M_1 = -\frac{1}{h'}\left(4\nu - 6\frac{\lambda}{h}\right) \qquad M_3 = -\frac{1}{h'}\left(2\nu - 6\frac{\lambda}{h}\right). \quad (55)$$

Den Zuständen $\nu = 1$ und $\lambda = 1$ entsprechen am linken Bogen die Werte:

$$X_1^{(1)} = -\frac{e}{\delta_{xx}} \qquad Y_1^{(1)} = -\frac{l}{2\delta_{yy}} \qquad Z_1^{(1)} = \frac{1}{\delta_{zz}},$$

$$X_1^{(2)} = -\frac{1}{\delta_{xx}} \qquad Y_1^{(2)} = 0 \qquad Z_1^{(2)} = 0.$$

Am rechten Bogen entsprechen die Werte:

$$X_2^{(1)} = \frac{e}{\delta_{xx}} \qquad Y_2^{(1)} = -\frac{l}{2\delta_{yy}} \qquad Z_2^{(1)} = -\frac{1}{\delta_{zz}},$$

$$X_2^{(2)} = \frac{1}{\delta_{xx}} \qquad Y_2^{(2)} = 0 \qquad Z_2^{(2)} = 0.$$

An der Stütze hat man:

$$M_1^{(1)} = -\frac{4}{h'} \qquad M_3^{(1)} = -\frac{2}{h'} \qquad M_1^{(2)} = \frac{6}{hh'} \qquad M_3^{(2)} = \frac{6}{hh'}.$$

Bei Benutzung der Umformung (47a) sowie der Gl. (50) und (40) können wir jetzt die Elastizitätsgleichungen (47) auf die Form bringen:

$$\left.\begin{aligned} a_{11}\nu + a_{12}\lambda &= L_1 \\ a_{21}\nu + a_{22}\lambda &= L_2 \end{aligned}\right\} \quad (56)$$

wobei

$$a_{11} = 2\left(\frac{e^2}{\delta_{xx}} + \frac{l^2}{4\delta_{yy}} + \frac{1}{\delta_{zz}}\right) + \frac{4}{h'},$$

$$a_{12} = a_{21} = 2\frac{e}{\delta_{xx}} - \frac{6}{hh'},$$

$$a_{22} = \frac{2}{\delta_{xx}} + \frac{12}{h^2 h'}.$$

Für die rechten Seiten gilt:

$$L_1 = M_{1,1}^{(0)} + M_{1,2}^{(0)}; \qquad L_2 = X_1^{(0)} - X_2^{(0)}.$$

Die Zahlenberechnung für dieses Beispiel wird unter Nr. 34 durchgeführt.

Die Erweiterung auf Systeme mit mehr als zwei Öffnungen läßt sich in einfacher Weise durchführen. Bei der in Abb. 54 dargestellten dreifachen Bogenbrücke mit zwei eingespannten Mittelstielen hat man 4 Grundkoordinaten einzuführen. Wir wählen die beiden Knotendrehwinkel ν_1 und ν_2 sowie die beiden Sehnenlängenzunahmen der linken und rechten Öffnungen λ_1 und λ_2. Die Längenzunahme der Mittelsehne beträgt $-(\lambda_1 + \lambda_2)$. Die Drehwinkel der beiden Stiele sind

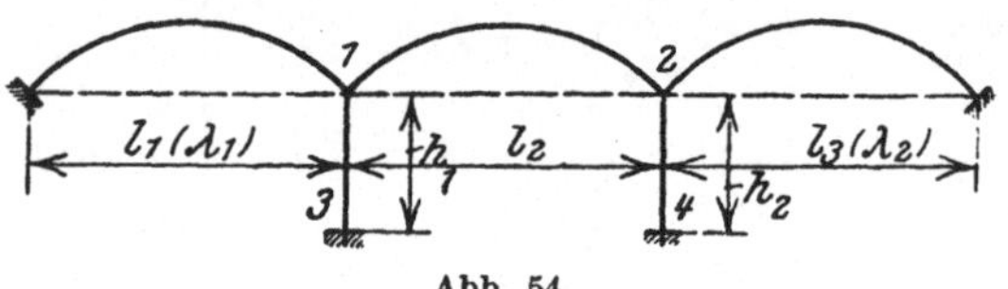

Abb. 54.

$$\vartheta_1 = -\frac{\lambda_1}{h_1} \quad \text{und} \quad \vartheta_2 = \frac{\lambda_2}{h_2}.$$

Nachfolgende Zusammenstellung enthält die Bogenkräfte und Stützenmomente:

$$\begin{array}{r|l|l|l|}
 & \text{linker Bogen} & \text{Mittelbogen} & \text{rechter Bogen} \\
X = & -\frac{1}{\delta_{xx}}(e\nu_1 + \lambda_1) + X^{(0)} & -\frac{1}{\delta_{xx}}[e(\nu_2 - \nu_1) - \lambda_1 - \lambda_2] + X^{(0)} & -\frac{1}{\delta_{xx}}(-e\nu_2 + \lambda_2) + X^{(0)} \\
Y = & -\frac{1}{\delta_{yy}}\frac{l}{2}\nu_1 \quad + Y^{(0)} & -\frac{1}{\delta_{yy}}\frac{l}{2}(\nu_2 + \nu_1) \quad + Y^{(0)} & -\frac{1}{\delta_{yy}}\frac{l}{2}\nu_2 \quad + Y^{(0)} \\
Z = & \frac{1}{\delta_{zz}}\nu_1 \quad + Z^{(0)} & \frac{1}{\delta_{zz}}(\nu_2 - \nu_1) \quad + Z^{(0)} & -\frac{1}{\delta_{zz}}\nu_2 \quad + Z^{(0)}
\end{array} \qquad (57)$$

$$\begin{array}{c|c|}
\text{linke Stütze} & \text{rechte Stütze} \\
M_1 = -\frac{1}{h_1'}\left(4\nu_1 - 6\frac{\lambda_1}{h_1}\right) & M_2 = -\frac{1}{h_2'}\left(4\nu_2 + 6\frac{\lambda_2}{h_2}\right) \\
M_3 = -\frac{1}{h_1'}\left(2\nu_1 - 6\frac{\lambda_1}{h_1}\right) & M_4 = -\frac{1}{h_2'}\left(2\nu_1 + 6\frac{\lambda_2}{h_2}\right)
\end{array} \qquad (58)$$

Aus den G. (57) und (58) entnehmen wir auch die den Zuständen $w_m = 1$ entsprechenden Größen und sind dann instande, die Gl. (47) zu bilden. Dabei gilt für die Bogenstäbe gemäß (50):

$$\begin{array}{l|l|l}
\delta_1 = -e\nu_1 - \lambda_1 & -e(\nu_2 - \nu_1) + \lambda_1 + \lambda_2 & e\nu_2 - \lambda_2 \\
\delta_2 = -\frac{l}{2}\nu_1 & -\frac{l}{2}(\nu_1 + \nu_2) & -\frac{l}{2}\nu_2 \\
\delta_3 = \nu_1 & \nu_2 - \nu_1 & -\nu_2
\end{array}$$

und für die Stützen:

$$\alpha_1 = -\nu_1 + \frac{\lambda_1}{h_1}, \qquad \alpha_2 = -\nu_2 - \frac{\lambda_2}{h_2},$$

$$\alpha_3 = \frac{\lambda_1}{h_1}, \qquad \alpha_4 = -\frac{\lambda_2}{h_2}.$$

Die Elastizitätsgleichungen (47) erscheinen in der Form:

$$\left.\begin{aligned} a_{11}\nu_1 + a_{12}\nu_2 + a_{13}\lambda_1 + a_{14}\lambda_2 &= L_1 \\ a_{21}\nu_1 + a_{22}\nu_2 + a_{23}\lambda_1 + a_{24}\lambda_2 &= L_2 \\ a_{31}\nu_1 + a_{32}\nu_2 + a_{33}\lambda_1 + a_{34}\lambda_2 &= L_3 \\ a_{41}\nu_1 + a_{42}\nu_2 + a_{43}\lambda_1 + a_{44}\lambda_2 &= L_4. \end{aligned}\right\} \tag{59}$$

Dabei ist:

$$a_{11} = D_1 + D_2 + \frac{4}{h_1'}, \quad a_{12} = D_2', \quad a_{13} = d_1 + d_2 - \frac{6}{h_1 h_1'} \quad a_{14} = d_2,$$

$$a_{22} = D_2 + D_3 + \frac{4}{h_2'}, \quad a_{23} = -d_2, \quad a_{24} = -\left(d_2 + d_3 - \frac{6}{h_2 h_2'}\right),$$

$$a_{33} = \Delta_1 + \Delta_2 + \frac{12}{h_1^2 h_1'}, \qquad \alpha_{34} = \Delta_2,$$

$$a_{44} = \Delta_2 + \Delta_3 + \frac{12}{h_2^2 h_2'}.$$

Zur Abkürzung wurde dabei gesetzt:

$$D = \frac{e^2}{\delta_{xx}} + \frac{l^2}{4\delta_{yy}} + \frac{1}{\delta_{zz}}, \qquad D' = -\frac{e^2}{\delta_{xx}} + \frac{l^2}{4\cdot\delta_{yy}} - \frac{1}{\delta_{zz}},$$

$$d = \frac{e}{\delta_{xx}}, \qquad \Delta = \frac{1}{\delta_{xx}}.$$

Die den Buchstaben D D' d und Δ zugefügten Indizes deuten an, auf welchen der von links nach rechts gezählten Bogenstäbe sich die betreffende Größe beziehen soll.

Die rechten Seiten sind wie bei dem vorigen Beispiel:

$$L_1 = M_{1,1}^{(0)} + M_{1,2}^{(0)},$$
$$L_2 = M_{2,2}^{(0)} + M_{2,3}^{(0)},$$
$$L_3 = X_1^{(0)} - X_2^{(0)},$$
$$L_4 = X_3^{(0)} - X_2^{(0)},$$

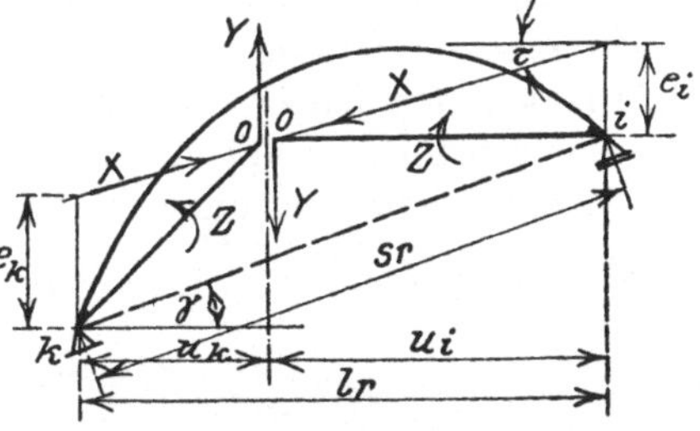

Abb. 55.

Für die Berechnung unsymmetrischer Bögen bedarf es einer entsprechenden Modifikation der Gl. (48), (50), (52) und (53). Um zunächst Gleichungen von der Form (51) zu erhalten, beziehen wir nach Abb. 55 den Bogen auf ein schiefwinkliges Achsenkreuz. Die x-Achse werde durch die lotrecht gemessenen Abstände e_i und e_k festgelegt und bilde mit der Horizontalen den Winkel τ. Über die Reihenfolge der Knotenbezifferung gelte dieselbe Festsetzung wie bei dem symmetrischen Bogen. Man hat dann:

$$\left.\begin{aligned} M_i &= X e_i \cos\tau + Y u_i - Z \\ M_k &= -X e_k \cos\tau + Y u_k + Z \\ N_r &= -X \cos(\gamma-\tau) - Y \sin\gamma . \end{aligned}\right\} \tag{60}$$

Führt man diese Werte in Gl. (49) ein, so folgt daraus:

$$\left.\begin{aligned} \delta_1 &= (e_i \alpha_i - e_k \alpha_k) \cos\tau - \Delta l_r \cos(\gamma-\tau) \\ \delta_2 &= u_i \alpha_i + u_k \alpha_k \qquad - \Delta l_r \sin\gamma \\ \delta_3 &= -(\alpha_i - \alpha_k) . \end{aligned}\right\} \tag{61}$$

Weiter liefert Gl. (51):

$$\left.\begin{aligned} X &= \frac{1}{\delta_{xx}} \left[(e_i \alpha_i - e_k \alpha_k) \cos\tau - \Delta l_r \cos(\gamma-\tau)\right] + X^{(0)} \\ Y &= \frac{1}{\delta_{yy}} \left[u_i \alpha_i + u_k \alpha_k - \Delta l_r \sin\gamma\right] \\ Z &= -\frac{1}{\delta_{zz}} (\alpha_i - \alpha_k) . \end{aligned}\right\} \tag{62}$$

Die Verwendung der Gl. (40) führt schließlich zu:

$$\left.\begin{aligned} X &= -\frac{1}{\delta_{xx}} \left[(e_i \nu_i - e_k \nu_k) \cos\tau + (e_i - e_k) \vartheta_r \cos\tau + \Delta l_r \cos(\gamma-\tau)\right] + X^{(0)} \\ Y &= -\frac{1}{\delta_{yy}} \left[u_i \nu_i + u_k \nu_k + l \vartheta_r + \Delta l_r \sin\gamma\right] \qquad + Y^{(0)} \\ Z &= \frac{1}{\delta_{zz}} (\nu_i - \nu_k) . \qquad + Z^{(0)} \end{aligned}\right\} \tag{63}$$

Zu beachten ist, daß l die Projektion der Sehne bedeutet, während unter Δl_r nach wie vor die Längenänderung der Sehne zu verstehen ist. Falls schräge Stiele vorliegen, beginnt man an dieser Stelle am besten mit der Zahlenrechnung. Für den meist vorkommenden Fall lotrechter Stiele lassen sich jedoch die Formeln (63) wesentlich vereinfachen, so daß die Aufstellung allgemeiner Formeln für die Koeffizienten der Elastizitätsgleichungen ohne Komplikation durchführbar ist. Durch Einführung von $\Delta l'_r = \frac{\Delta l_r}{\cos\gamma}$ folgt zunächst (Abb. 55):

$$\vartheta_r = -\frac{\Delta l'_r \sin\gamma}{s_r} .$$

Weiter entnimmt man der Abb. 55 die Beziehung:

$$-(e_i - e_k) \cos\tau = s_r \sin(\gamma - \tau).$$

daraus folgt:

$$(e_i - e_k) \vartheta_r \cos\tau + \Delta l_r \cos(\gamma - \tau) = \Delta l'_r \cdot \cos\tau ,$$

sowie

$$l \vartheta_r + \Delta l_r \sin\gamma = 0.$$

Die Gl. (63) nehmen jetzt die einfachere Form an:

$$\left.\begin{aligned} X &= -\frac{\cos\tau}{\delta_{xx}}\left[e_i\nu_i - e_k\nu_k + \Delta l'_r\right] + X^{(0)} \\ Y &= -\frac{1}{\delta_{yy}}\left[u_i\nu_i + u_k\nu_k\right] \qquad + Y^{(0)} \\ Z &= \frac{1}{\delta_{zz}}(\nu_i - \nu_k) \qquad\qquad + Z^{(0)} \end{aligned}\right\} \quad (64)$$

Wir fassen nunmehr an Stelle von Δl die Größen $\Delta l'$ als Grundkoordinaten auf. Bei einer unsymmetrischen Brücke mit zwei Bögen (Abb. 56) sei $\frac{\lambda_1}{\cos\gamma_1} = \lambda'$ gesetzt, dann ist zugleich $\lambda'_2 = -\lambda'$. Bei

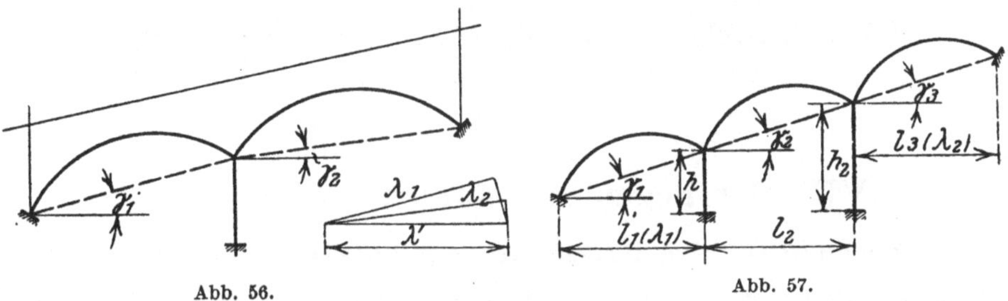

Abb. 56. Abb. 57.

drei Bögen führen wir bei dem linken und rechten Bogen λ'_1 und λ'_2 als Unbekannte ein, für den Mittelbogen hat man dann $\frac{\Delta l}{\cos\gamma} = -(\lambda'_1 + \lambda'_2)$ (Abb. 57).

Folgende Bezeichnungen mögen analog dem Vorgang bei symmetrischen Bögen eingeführt werden:

$$\left.\begin{aligned} D_i &= \frac{e_i^2\cos^2\tau}{\delta_{xx}} + \frac{u_i^2}{\delta_{yy}} + \frac{1}{\delta_{zz}}, & d_i &= \frac{e_i\cos^2\tau}{\delta_{xx}} \\ D_k &= \frac{e_k^2\cos^2\tau}{\delta_{xx}} + \frac{u_k^2}{\delta_{yy}} + \frac{1}{\delta_{zz}}, & d_k &= \frac{e_k\cos^2\tau}{\delta_{xx}} \\ D' &= -\frac{e_i e_k\cos^2\tau}{\delta_{xx}} + \frac{u_i u_k}{\delta_{yy}} - \frac{1}{\delta_{zz}}, & \Delta &= \frac{\cos^2\tau}{\delta_{xx}} \end{aligned}\right\} \quad (65)$$

Bei zwei Bögen besitzen dann die Gleichungen für die beiden Unbekannten ν und λ' die Koeffizienten:

$$\left.\begin{aligned} a_{11} &= D_{i1} + D_{k2} + \frac{4}{h'}, \qquad a_{12} = d_{i1} + d_{k2} - \frac{6}{hh'}, \\ a_{22} &= \Delta_1 + \Delta_2 + \frac{12}{h^2 h'}. \end{aligned}\right\} \quad (66)$$

Bei drei Bögen mit den vier Unbekannten ν_1 ν_2 λ'_1 λ'_2 werden die Koeffizienten:

$$\left.\begin{aligned} a_{11} &= D_{i1} + D_{k2} + \frac{4}{h_1'}, \quad a_{12} = D_2', \quad a_{13} = d_{i1} + d_{k2} - \frac{6}{h_1 h_1'}, \quad a_{14} = d_{k2} \\ a_{22} &= D_{i2} + D_{k3} + \frac{4}{h_2'}, \quad a_{23} = -d_{i2}, \quad a_{24} = -\left(d_{i2} + d_{k3} - \frac{6}{h_2 h_2'}\right) \\ a_{33} &= \Delta_1 + \Delta_2 + \frac{12}{h_1^2 h_1'}, \quad a_{34} = \Delta_2, \\ a_{44} &= \Delta_2 + \Delta_3 + \frac{12}{h_2^2 h_2'}. \end{aligned}\right\} \quad (67)$$

Für die rechten Seiten hat man bei zwei Bögen:

$$L_1 = M_{11}^{(0)} + M_{12}^{(0)}, \qquad L_2 = H_1^{(0)} - H_2^{(0)}$$

und bei drei Bögen:

$$L_1 = M_{11}^{(0)} + M_{12}^{(0)}, \qquad L_2 = M_{22}^{(0)} + M_{23}^{(0)}, \qquad L_3 = H_1^{(0)} - H_2^{(0)},$$
$$L_4 = H_3^{(0)} - H_2^{(0)}, \qquad H^{(0)} = X^{(0)} \cos\tau.$$

VII. Der Bogen mit starren Widerlagern.

28. Formeln für den Kreisbogen mit konstantem Querschnitt.

Der Bogen mit starren Widerlagern. Die Entwicklungen unter Nr. 27 setzen die Lagerkräfte eines Bogenstabes mit starren Widerlagern als bekannt voraus. Die Bestimmung dieser Größen erfordert einige Aufmerksamkeit, da bekanntlich Bogenform und Querschnittsverhältnisse von maßgebendem Einfluß sind. Noch ein weiterer rechnerischer Umstand tritt hinzu. Zwischenwerte werden mitunter als Differenzen zweier Zahlen unter Weghebung einer größeren Anzahl von Stellen, oder als Produkte einer großen mit einer kleinen Zahl gewonnen, so daß die Rechnung die Berücksichtigung einer entsprechend großen Anzahl von Stellen erfordert. Man darf sich daher allein durch die Erwägung, daß angenommene geometrische Formen und physikalisches Verhalten tatsächlich nur ungenau herstellbar sind[1]), nicht verleiten lassen, die Zahlen abzurunden, sondern man hat sich, nachdem einem Entwurf bestimmte Voraussetzungen zugrunde gelegt sind, zu überlegen, wieviel Dezimalen aus mathematischen Gründen noch beizubehalten sind, um ein Resultat mit der gewünschten Genauigkeit zu erhalten. Für die genauere Durchführung der notwendigen Berechnungen, besonders bei schiefen Gewölben, sei auf die Veröffentlichung von F. Hartmann hingewiesen[2]). Für den symmetrischen Bogen

[1]) Z. B. Otzen: Der Massivbau. S. 299 u. 313, 1926.

[2]) Hartmann, F.: Die genauere Berechnung gelenkloser Gewölbe und der Einfluß des Verlaufes der Achse und der Gewölbestärken. 2. Aufl. Leipzig u. Wien: Franz Deuticke 1925.

sollen in folgendem einige Ausführungen zunächst für den Kreisbogen mit konstantem und veränderlichem Querschnitt, sodann für den Bogen beliebiger Gestaltung Platz finden.

Für den in Abb. 52 dargestellten Lastfall gilt an beliebiger Stelle:

$$M = -X\cdot y + Y\cdot \xi - Z\,. \tag{68}$$

Ferner erhält man für den Kreisbogen mit Hilfe einer an einem nach Abb. 58 abgetrennten Stück auf den Mittelpunkt bezogenen Momentengleichung:

$$N\,r - M + X\cdot f' - Z = 0\,,$$

bei Einführung der Größe $N - \frac{M}{r} = \mathfrak{N}$ folgt:

$$\mathfrak{N} = \frac{-X f' + Z}{r}\,. \tag{69}$$

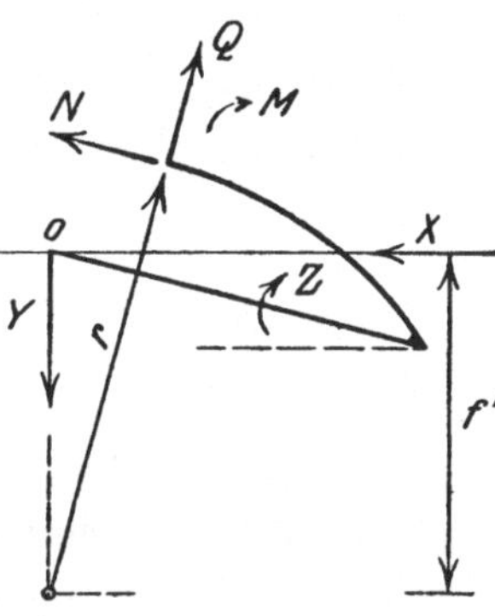

Abb. 58.

Mit Hilfe der Arbeitsgröße $A = \int \frac{M^2\,ds}{2\,EJ} + \int \frac{\mathfrak{N}^2 ds}{2\,EF}$ findet man:

$$\delta_1 = \frac{\partial A}{\partial X}\,, \qquad \delta_2 = \frac{\partial A}{\partial Y}\,, \qquad \delta_3 = \frac{\partial A}{\partial Z}\,. \tag{70}$$

Unterwirft man jetzt die bisher noch unbestimmte Größe f' der Bedingung:

$$\int y \frac{ds}{EJ} = f' \int \frac{ds}{EFr^2}\,, \tag{71}$$

so hängt jede der drei Verschiebungsgrößen δ nur von einer der Kraftgrößen X, Y oder Z ab und die Gl. (70) liefern:

$$\left.\begin{aligned} \delta_{xx} &= \int y^2 \frac{ds}{EJ} + f'^2 \cdot \int \frac{ds}{EFr^2} \\ \delta_{yy} &= \int \xi^2 \frac{ds}{EJ} \\ \delta_{zz} &= \int \frac{ds}{EJ} + \int \frac{ds}{EFr^2} \end{aligned}\right\}\,. \tag{72}$$

Abb. 59.

Bei konstantem Querschnitt setzen wir zur Abkürzung:

$$\alpha = \frac{J}{Fr^2}$$

und führen weiter den Abstand z_0 des Schwerpunktes der Kreisbogenlinie vom Mittelpunkt ein, hier für gilt (Abb. 59):

$$z_0 = \frac{\int z\,ds}{\int ds} = \frac{rl}{s}\,,$$

setzt man in (71) $y = z - f'$, so erhält man einfach:

$$f' = \frac{z_0}{1+\alpha}. \tag{73}$$

Für δ_{xx} erhalten wir durch Einführen von z und mit Benutzung der Beziehung $z\,ds = r \cdot dx$:

$$\delta_{xx} = \frac{r}{EJ}\left(\int z\,dx - \frac{z_0 l}{1+\alpha}\right).$$

Definieren wir weiter die für die Zahlenrechnung zweckmäßige Größe:

$$\beta = \frac{\int z\,dx}{l \cdot z_0} - 1, \tag{74}$$

so erhalten wir hiermit bei Vernachlässigung des sehr kleinen Wertes $\alpha \cdot \beta$:

$$\delta_{xx} = \frac{r f' l}{EJ}(\alpha + \beta). \tag{72a}$$

Zwecks Umformung von δ_{yy} setzen wir $\xi^2 = r^2 - z^2$:

$$\delta_{yy} = \frac{r^2 \cdot s}{EJ} - \frac{r}{EJ}\int z\,dx.$$

Bezeichnet man den Inhalt des von Bogen und Sehne begrenzten Segments mit $\mathfrak{F}$, so hat man auch:

$$\delta_{yy} = \frac{r}{EJ} \cdot \mathfrak{F}. \tag{72b}$$

Schließlich gilt noch:

$$\delta_{zz} = \frac{s}{EJ}(1+\alpha). \tag{72c}$$

29. Ermittlung der Zahlen β.

Ermittlung der Zahlen β. In Abb. 59 sei der zum Bogen gehörige Zentriwinkel gleich 2φ. Der Flächeninhalt zwischen Bogen und wagrechtem Durchmesser ist:

$$\int z\,dx = r^2 \cdot \varphi + \frac{1}{4} l^2 \operatorname{ctg} \varphi.$$

Setzt man noch $z_0 = \frac{l}{2\varphi}$ in Gl. (74) ein, so entsteht:

$$\beta = \frac{1}{2}\frac{\varphi}{\sin\varphi}\left(\frac{\varphi}{\sin\varphi} + \cos\varphi\right) - 1. \tag{75}$$

In der Regel wird das Pfeilverhältnis $t = \frac{f}{l}$, d. h. das Verhältnis von Bogenhöhe zur Stützweite bekannt sein, daher folgt φ aus einer der Gleichungen:

$$\sin\varphi = \frac{4t}{1+4t^2} \qquad \cos\varphi = \frac{1-4t^2}{1+4t^2} \qquad \operatorname{tg}\frac{\varphi}{2} = 2t.$$

Mit Hilfe von 7 stelligen Logarithmen werden hinreichend genaue Werte von $\frac{\varphi}{\sin\varphi}$ für die Ermittlung von β erhalten. Bei Werten die etwa unterhalb $t = \frac{1}{9}$ liegen, würde sich der Fehler bei logarithmischer Rechnung in der sechsten Dezimale bemerkbar machen. Zu eine Reihenentwicklung führt folgender Weg:

Mit $\sin\alpha = y$ gilt die Reihe[1]):

$$\frac{\alpha}{\cos\alpha} = y + \frac{2}{3} y^2 + \frac{2\cdot 4}{3\cdot 5} y^5 + \cdots,$$

die nach Division mit $\sin\alpha = y$ übergeht in:

$$\frac{\alpha}{\sin\alpha\cdot\cos\alpha} = 1 + \frac{2}{3} y^2 + \frac{2\cdot 4}{3\cdot 5} y^4 + \cdots.$$

Setzt man $\alpha = \frac{\varphi}{2}$ und für $y^2 = \sin^2\frac{\varphi}{2} = \frac{1}{2}(1 - \cos\varphi)$ die Bezeichnung x, so entsteht:

$$\frac{\varphi}{\sin\varphi} = 1 + \frac{2}{3} x + \frac{2\cdot 4}{3\cdot 5} x^2 + \cdots; \qquad x = \frac{1}{2}(1 - \cos\varphi). \tag{76}$$

Eine noch schneller konvergierende Entwicklung, die auch bei großen Pfeilverhältnissen gut anwendbar ist, folgt aus (76), indem man an Stelle von φ den Wert $\frac{\varphi}{2}$ einsetzt und dann auf beiden Seiten mit $\frac{1}{\cos\frac{\varphi}{2}}$ multipliziert.

Man erhält:

$$\frac{\varphi}{\sin\varphi} = \frac{1}{\cos\frac{\varphi}{2}}\left(1 + \frac{2}{3} z + \frac{2\cdot 4}{3\cdot 5} z^2 + \cdots\right); \qquad z = \frac{1}{2}\left(1 - \cos\frac{\varphi}{2}\right), \tag{77}$$

wobei:

$$\cos\frac{\varphi}{2} = \frac{1}{\sqrt{1 + 4t^2}}.$$

In nachfolgender Tabelle haben wir für eine Anzahl von Pfeilverhältnissen die Werte β zusammengestellt.

t	β	t	β
$\frac{1}{11}$	0,000381	$\frac{1}{6}$	0,004131
0,1	0,000556	0,2	0,008491
$\frac{1}{9}$	0,000843	0,25	0,019514
0,125	0,001341	0,3	0,038476
$\frac{1}{7}$	0,002265	0,35	0,067771
0,15	0,002741	0,5	0,233701

[1]) Knopp: Theorie und Anwendung der unendl. Reihen. Nr. 123, S. 264. Berlin: Julius Springer 1922.

30. Formeln für die Einflußlinien und für die Bogenkräfte bei totaler und halbseitiger gleichmäßiger Belastung. Beispiel.

Einflußlinien. Außer den in Abb. 52 und 59 eingeführten Bezeichnungen führen wir nach Abb. 60 den Abstand η eines Bogenpunktes m von der Sehne ein. Ferner sei s_ξ oder kurz s, solange Verwechslungen mit der ganzen Bogenlänge nicht möglich sind, das vom Scheitel bis zum Punkt m nach rechts positiv gezählte Bogenstück. Die Ordinate der Biegungslinie werde mit $\Delta\eta$ bezeichnet. Allgemein gilt hierfür[1]):

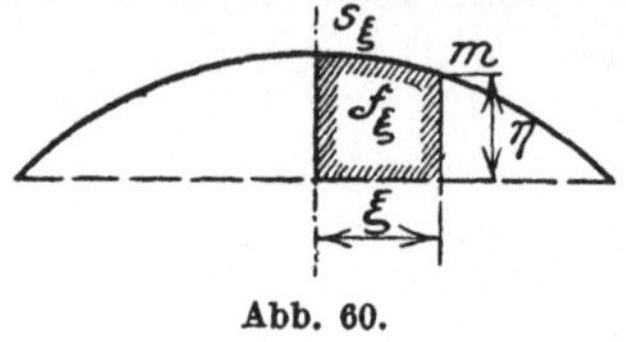

Abb. 60.

$$\frac{d^2\Delta\eta}{d\xi^2}=-\left(\frac{M}{EJ}-\frac{\mathfrak{N}}{EFr}\right)\frac{ds}{d\xi}-\frac{d}{d\xi}\left(\frac{\mathfrak{N}}{EF}\cdot\frac{d\eta}{d\xi}\right). \tag{78}$$

Für den Kreisbogen mit konstantem Querschnitt läßt sich mit Benutzung von $d\eta=-\xi\frac{ds}{r}$ einfacher schreiben:

$$\frac{d^2\Delta\eta}{d\xi^2}=-\frac{M}{EJ}\frac{ds}{d\xi}+\frac{\mathfrak{N}}{EF\cdot r}\frac{d^2}{d\xi^2}\left(\xi s_\xi\right). \tag{79}$$

Diese Gleichung kann zur Bestimmung der Biegungslinien für die Belastungszustände $X=-1$ $Y=-1$ und $Z=-1$ benutzt werden. Nach den Gl. (68) und (69) ergibt sich folgende Zusammenstellung:

Zustand	M	$\mathfrak{N}$
$X=-1$	y	$\frac{f'}{r}$
$Y=-1$	$-\xi$	0
$Z=-1$	1	$-\frac{1}{r}$

Setzt man $M=y$ in (79) ein, so entsteht zunächst durch zweimalige Integration des ersten Gliedes:

$$\int y\,ds=\int(z-f')\,ds=r\cdot\xi-f'\cdot s_\xi,$$

$$\int d\xi\int y\,ds=\frac{r}{2}\cdot\xi^2-f'\left(\xi s_\xi-\int\xi\cdot ds\right)=\frac{r}{2}\xi^2-f'\left(\xi s_\xi+r\cdot\eta\right).$$

Gl. (79) liefert daher:

$$\Delta\eta=\frac{rf'}{EJ}\left(\eta+\frac{\xi}{r}s_\xi-\frac{\xi^2}{2f'}\right)+\frac{f'}{EFr^2}\cdot\xi\cdot s_\xi+C\xi+C_1.$$

Benutzt man zur Umformung noch Gl. (73), so entsteht:

$$\Delta\eta=\frac{rf'}{EJ}\left[\eta+\frac{l\xi}{f'}\left(\frac{s_\xi}{s}-\frac{\xi}{2l}\right)\right]+C\cdot\xi+C_1.$$

---

[1]) Müller-Breslau: Die neueren Methoden. 5. Aufl. S. 248. 1924.

Aus den Grenzbedingungen: $\Delta\eta = 0$ für $\xi = \pm\frac{l}{2}$ folgt:

$$C = 0 \quad \text{und} \quad C_1 = \frac{rf'}{EJ}\cdot\frac{l^2}{8f'}.$$

Hiermit erhält man schließlich:

$$\Delta\eta = \frac{rf'}{EJ}\left[\eta - \frac{l^2}{f'}\left\{\frac{1}{8} - \frac{\xi}{l}\left(\frac{s_\xi}{s} - \frac{1}{2}\frac{\xi}{l}\right)\right\}\right]. \tag{80}$$

Nach Teilung dieses Wertes durch δ_{xx} erhält man die Ordinate der Einflußlinie für X:

$$\frac{\Delta\eta}{\delta_{xx}} = \frac{1}{\alpha+\beta}\left[\frac{\eta}{l} - \frac{l}{f'}\left\{\frac{1}{8} - \frac{\xi}{l}\left(\frac{s_\xi}{s} - \frac{1}{2}\frac{\xi}{l}\right)\right\}\right]. \tag{81}$$

Infolge $Y = -1$ hat man:

$$\frac{d^2\Delta\eta}{d\xi^2} = \frac{\xi}{EJ}\frac{ds}{d\xi} = -\frac{r}{EJ}\frac{d\eta}{d\xi}.$$

Durch zweimalige Integration folgt daraus:

$$\Delta\eta = -\frac{r}{EJ}\int_0^\xi \eta\cdot d\xi + C\xi + C_1.$$

Da die Linie für $\xi = 0$ und $\xi = \frac{l}{2}$ Nullpunkte besitzt, hat man:

$C_1 = 0$ und $C = \frac{r}{EJl}\cdot\mathfrak{F}$, wobei $\mathfrak{F}$ wie früher den Flächeninhalt zwischen Bogen und Sehne bedeutet. $\mathfrak{F}_\xi$ bedeute ferner das in Abb. 60 gekennzeichnete Flächenstück. Hiermit folgt:

$$\Delta\eta = -\frac{r}{EJ}\left[\mathfrak{F}_\xi - \frac{\xi}{l}\mathfrak{F}\right]. \tag{82}$$

Teilt man noch durch δ_{yy}, so erhält man die Ordinate der Einflußlinie für Y:

$$\frac{\Delta\eta}{\delta_{yy}} = -\left(\frac{\mathfrak{F}_\xi}{\mathfrak{F}} - \frac{\xi}{l}\right). \tag{83}$$

Zur Bestimmung der Biegungslinie für $Z = -1$ hat man:

$$\int ds = s_\xi, \qquad \int s_\xi d\xi = \xi s_\xi + r\cdot\eta,$$

$$\Delta\eta = -\frac{r\cdot\eta}{EJ} - \frac{1+\alpha}{EJ}\cdot\xi\cdot s_\xi + C\xi + C_1.$$

Die Bedingungen $\Delta\eta = 0$ für $\xi = \pm\frac{l}{2}$ liefern:

$$C = 0 \quad \text{und} \quad C_1 = \frac{1}{EJ}(1+\alpha)\frac{sl}{4},$$

womit:

$$\Delta\eta = \frac{1+\alpha}{EJ}ls\left(\frac{1}{4} - \frac{\xi s_\xi}{ls}\right) - \frac{r}{EJ}\cdot\eta. \tag{84}$$

Nach Teilung durch δ_{zz} erhält man die Ordinate der Einflußlinie für Z:

$$\frac{\Delta\eta}{\delta_{zz}} = l\left(\frac{1}{4} - \frac{\xi s_\xi}{l s}\right) - \eta\frac{f'}{l}. \tag{85}$$

Bei einer über die Stützweite gleichmäßig verteilten Last p erhält man mit Hilfe von (81) und (85):

$$X = \frac{1}{\alpha + \beta}\left[\frac{\mathfrak{F}}{2l}(1-\alpha) - \frac{l^2}{24f'}\right]\cdot p, \tag{81a}$$

$$Z = \left[\frac{l^2}{8} - \frac{\mathfrak{F}}{2l}f'(1-\alpha)\right]\cdot p. \tag{85a}$$

Bei Belastung der linken Hälfte durch gleichmäßig verteilte Last erhält man ferner aus Gl. (83):

$$Y = \left[\frac{l}{8} - \frac{f}{12\mathfrak{F}}\left(\frac{3}{4}l^2 + f^2\right)\right]p. \tag{83a}$$

Als Beispiel diene ein Bogen mit 24,0 m Stützweite und 4,0 m Pfeilhöhe. Hierbei ist $t = \frac{f}{l} = \frac{1}{6}$. Der Radius ergibt sich aus

$$r = l\frac{1 + 4t^2}{8t} = 20\,\text{m}.$$

Der Querschnitt sei ein Rechteck von 1,0 m Breite und 0,55 m Höhe. Wir erhalten:

$$\alpha = \frac{J}{Fr^2} = \frac{1}{12}\frac{h^2}{r^2} = 0{,}000063.$$

Der Tabelle unter Nr. 29 entnehmen wir $\beta = 0{,}004131$.
Somit wird:

$$\alpha + \beta = 0{,}004194.$$

Aus dem Sinus des halben Zentriwinkels $\sin\varphi_0 = 0{,}6$ findet man:

$$\varphi_0 = 0{,}6435011$$

und weiter $z_0 = \frac{l}{2\varphi_0} = 18{,}647987$. Die Gl. (73) liefert hiermit:

$$f' = 18{,}646812.$$

Will man die Beanspruchung auf etwa 1 kg/cm² genau angeben, so genügt bei den vorliegenden Abmessungen die Ermittlung von X bis auf Zehnteltonnen. Dieser Forderung entspricht bei normaler Belastung eine Ermittlung der Einflußordinaten auf etwa 2 Dezimalen. Zwecks späterer Vergleiche sollen jedoch 3 Dezimalen bestimmt werden, d. h. der zulässige Fehler soll nur $\pm 5\cdot 10^{-4}$ betragen. Da der Nenner in Gl. (81) den Wert $4{,}191\cdot 10^{-3}$ besitzt, folgt der zulässige Fehler der Klammergröße aus $\frac{\varepsilon\cdot 10^3}{4{,}191} = 5\cdot 10^{-4}$ oder $\varepsilon = 2{,}1\cdot 10^{-6}$, d. h. die Klammergröße muß auf 6 Dezimalen genau bestimmt werden, für jeden der beiden Summanden behalten wir daher 7 Stellen bei. Daraus folgt die erforderliche Genauigkeit für f'; bezeichnen wir den Fehler dieser Größe mit ε, so folgt

$$\frac{\varepsilon l}{8 f'^2} = 5 \cdot 10^{-8} \qquad \text{oder} \qquad \varepsilon = \frac{5 \cdot 8 \cdot 18{,}6^2}{24} \cdot 10^{-8} = 5{,}8 \cdot 10^{-6}\,,$$

d. h. f' muß mit 5 Dezimalen in die Rechnung eingeführt werden. Beschränkt man die Bestimmung der Einflußzahlen für X auf 2 Stellen, so spart man je eine Dezimale und wir befinden uns dann in Übereinstimmung mit der für die Genauigkeit von F. Hartmann gestellten Forderung[1]). Nachfolgend findet man die Berechnung für fünf gleiche Intervalle einer Bogenhälfte zusammengestellt:

	η	$\frac{\eta}{l}$	$\sin\varphi$	φ	$\frac{s_\xi}{s} = \frac{\varphi}{2\varphi_0}$	$\frac{\xi}{l}$	$\frac{l}{f'}\{\}$	$\frac{\eta}{l} - \frac{l}{f'}\{\}$
0	0	0	0,6	0,6435011	0,5	0,5	0	0
1	1,545370	0,0643904	0,48	0,5006547	0,3890084	0,4	0,0635776	0,000813
2	2,659046	0,1107936	0,36	0,3682679	0,2861440	0,3	0,1083168	0,002477
3	3,415458	0,1423108	0,24	0,2423659	0,1883182	0,2	0,1381508	0,004160
4	3,855478	0,1606449	0,12	0,1202899	0,0934652	0,1	0,1552911	0,005354
5	4	0,1666667	0	0	0	0	0,1608854	0,005781

Nach Teilung der letzten Spalte durch $\alpha + \beta$ erhält man die Ordinaten der X-Linie (Abb. 61a):

0	0	3	0,992
1	0,194	4	1,277
2	0,591	5	1,378

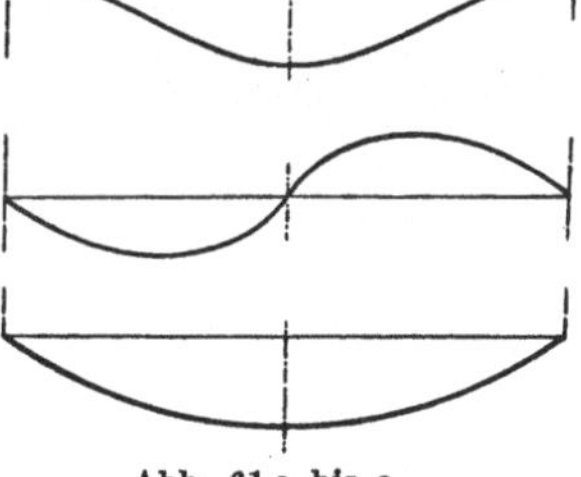

Abb. 61 a bis c.

Einflußlinie für Y. Für die numerische Berechnung nach Gl. (83) setzen wir:

$$\mathfrak{F}_\xi = \frac{\xi}{2}(\eta + f) + \frac{r}{2}(s_\xi - \xi)\,.$$

Der linke Zweig besitzt positive Ordinaten, der rechte verläuft antimetrisch (Abb. 61b). Man findet die Ordinaten:

0.	0	3.	0,0794
1.	0,0702	4.	0,0450
2.	0,0918	5.	0

Einflußlinie für Z (Abb. 61c). Die Gl. (85) liefert die Ordinaten:

0.	0	3.	2,442
1.	1,065	4.	2,780
2.	1,874	5.	2,892

[1]) A. a. O. S. 11 u. f.

31. Beliebig geformter Bogen mit veränderlichem Querschnitt. Bogenkräfte und Biegungslinien.

Beliebig geformter Bogen mit veränderlichem Querschnitt. Der Abstand der x-Achse von der Sehne werde wie unter Nr. 27 mit e bezeichnet. Der Krümmungsradius im Punkt x, y habe die Länge ϱ und die Koordinaten des Krümmungsmittelpunktes seien ξ_k im y_k, wobei y_k nach unten positiv gezählt werde (Abb. 62). Ferner sei $\eta_k = y_k - e$ der Abstand von der Sehne. Analog den Gl. (68) und (69) gilt:

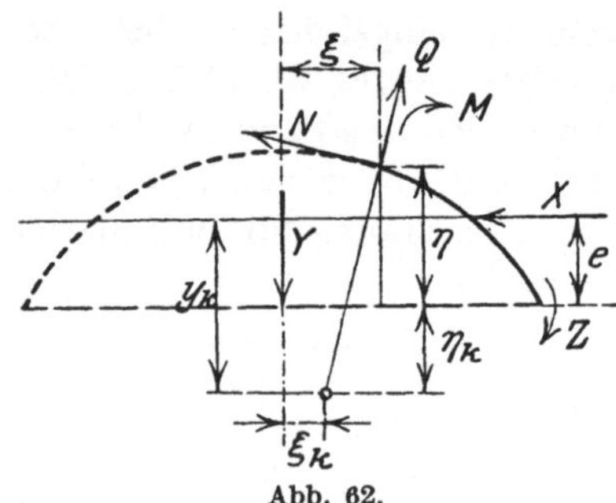

Abb. 62.

$$M = -Xy + Y \cdot \xi - Z, \tag{86}$$

$$\mathfrak{N} = \frac{1}{\varrho}(-Xy_k - Y\xi_k + Z). \tag{87}$$

Die maßgebenden Bogengrößen werden:

$$e = \frac{\int \eta\, ds \frac{J_c}{J} - \int \eta_k\, ds \frac{J_c}{F\varrho^2}}{\int ds \frac{J_c}{J} + \int ds \frac{J_c}{F\varrho^2}}, \tag{88}$$

$$\left.\begin{aligned} \delta_{xx} &= \int y^2 \frac{ds}{EJ} + \int y_k^2 \frac{ds}{EF\varrho^2} \\ \delta_{yy} &= \int \xi^2 \frac{ds}{EJ} + \int \xi_k^2 \frac{ds}{EF\varrho^2} \\ \delta_{zz} &= \int \frac{ds}{EJ} + \int \frac{ds}{EF\varrho^2}. \end{aligned}\right\} \tag{89}$$

Zur Bestimmung der Biegungslinien dient die Formel (78), in welche M und $\mathfrak{N}$ dem Belastungszustand gemäß nach folgender Zusammenstellung einzuführen sind:

Zustand	M	$\mathfrak{N}$
$X = -1$	y	$\frac{y_k}{\varrho}$
$Y = -1$	$-\xi$	$\frac{\xi_k}{\varrho}$
$Z = -1$	1	$-\frac{1}{\varrho}$

Die Biegungsordinaten lassen sich aus zwei Teilen zusammensetzen, deren erster $\Delta\eta'$ als Moment zu dem Gewicht

$$z = \left(\frac{M}{EJ} - \frac{\mathfrak{N}}{EF\varrho}\right)\frac{ds}{d\xi}$$

gefunden wird, der zweite Teil genügt der Gleichung:

$$\frac{d^2 \Delta \eta''}{d\xi^2} = -\frac{d}{d\xi}\left(\frac{\mathfrak{N}}{EF}\cdot\frac{d\eta}{d\xi}\right),$$

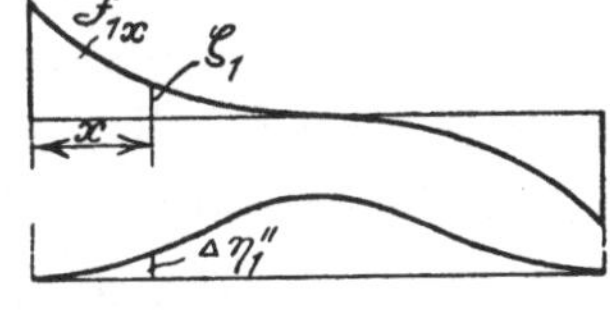

woraus folgt:

$$\Delta \eta'' = -\int_0^\xi \frac{\mathfrak{N}}{EF}\cdot\frac{d\eta}{d\xi}\cdot d\xi + C\cdot\xi + C_1 .$$

Die Konstanten C und C_1 ergeben sich aus der Bedingung, daß für $\xi = \pm\frac{l}{2}$ $\Delta\eta''$ verschwindet.

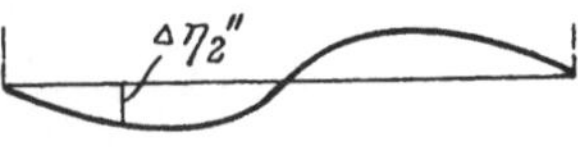

Setzt man $x = \frac{l}{2} + \xi$ und ferner:

$$\zeta_1 = \frac{y_k}{EF\varrho}\cdot \operatorname{tg}\varphi ,$$

$$\zeta_2 = -\frac{\xi_k}{EF\varrho}\operatorname{tg}\varphi ,$$

$$\zeta_3 = \frac{1}{EF\varrho}\operatorname{tg}\varphi ,$$

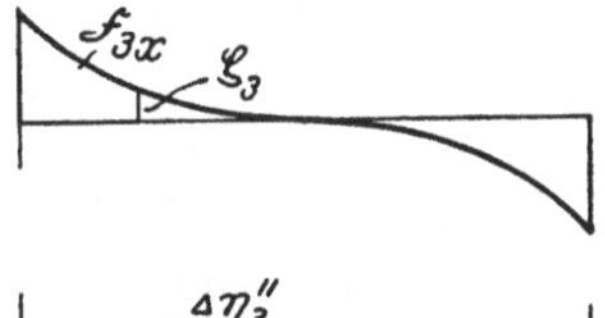

Abb. 63a bis c

wobei diese ζ-Werte für die linke Bogenhälfte positiv erhalten werden, (ζ_2 unter der Voraussetzung, daß positivem ξ positives ξ_k entspricht), so folgt weiter:

$$\left.\begin{aligned} \Delta\eta_1'' &= -\int_0^x \zeta_1\, dx = -\mathfrak{F}_{1x} \\ \Delta\eta_2'' &= \int_0^x \zeta_2\, dx - \frac{2x}{l}\int_0^{\frac{l}{2}} \zeta_2\, dx = \mathfrak{F}_{2x} - \frac{2x}{l}\mathfrak{F} \\ \Delta\eta_3'' &= \int_0^x \zeta_3\, dx = \mathfrak{F}_{3x} . \end{aligned}\right\} \qquad (90)$$

In Abb. 63a—c ist der Verlauf der ζ-Werte und der ihnen entsprechenden $\Delta\eta''$ zur Darstellung gebracht.

Die zur Ermittlung von $\Delta\eta_1'$ $\Delta\eta_2'$ und $\Delta\eta_3'$ dienenden Gewichte sind:

$$\left.\begin{aligned} z_1 &= \left(\frac{y}{EJ} - \frac{y_k}{EF\varrho^2}\right)\sec\varphi \\ z_2 &= -\left(\frac{\xi}{EJ} + \frac{\xi_k}{EF\varrho^2}\right)\sec\varphi \\ z_3 &= \left(\frac{1}{EJ} + \frac{1}{EF\varrho^2}\right)\sec\varphi . \end{aligned}\right\} \qquad (91)$$

32. Fehlerbetrachtungen. Numerische Integration mit Hilfe der Simpsonschen Regel. Verfahren von Gauß.

Fehlerabgrenzungen. Die nachfolgende Betrachtung dient dazu, einen Anhalt für die zu benutzende Stellenzahl zu gewinnen. Dabei mögen die Abmessungen des Beispiels unter Nr. 30 mit $\frac{f}{l} = \frac{1}{6}$ zugrunde gelegt werden. Der absolute Fehlerbetrag irgendeiner Größe a werde mit $\varepsilon(a)$ bezeichnet. Z. B. sei der Abrundungsfehler des Gewichtes z gleich $\varepsilon(z)$. Der Fehler von $\Delta\eta'$ wird, wie aus der Deutung dieser Größe als Moment zur Belastung z hervorgeht, höchstens $\varepsilon(z)\frac{l^2}{8}$. Aus $X = \frac{\Delta\eta' + \Delta\eta''}{\delta_{xx}}$ folgt dann bei ungünstigstem Zusammentreffen:

$$\varepsilon(X) = \frac{l^2}{8\,\delta_{xx}}\,\varepsilon(z) + \frac{\Delta\eta}{\delta_{xx}^2}\,\varepsilon(\delta_{xx}) + \frac{1}{\delta_{xx}}\,\varepsilon(\Delta\eta'').$$

Soll X auf 2 Stellen ermittelt werden, so ist der Fehler:

$$\varepsilon(X) = 5\cdot 10^{-3} \text{ zulässig.}$$

Wir setzen somit für jeden der Summanden den Betrag $\frac{5}{3}\cdot 10^{-3}$. Für die weitere Bestimmung genügen überschläglich ermittelte, abgerundete Zahlen. Für den vorliegenden Zweck entnehmen wir dem Beispiel unter Nr. 30:

$$\delta_{xx} = 37{,}5 \qquad \frac{\Delta\eta}{\delta_{xx}} = 1{,}38$$

und erhalten als zulässige Fehler:

$$\varepsilon(z) = \frac{8\cdot 37{,}5}{24^2}\cdot\frac{5}{3}\cdot 10^{-3} = 8{,}7\cdot 10^{-4},$$

$$\varepsilon(\delta_{xx}) = \frac{37{,}5}{1{,}38}\cdot\frac{5}{3}\cdot 10^{-3} = 4{,}5\cdot 10^{-2}.$$

z muß also auf 3 und δ_{xx} auf 2 Stellen ermittelt werden. Um der Forderung für δ_{xx} zu genügen, setzen wir mit:

$$y = \eta - e \quad \varepsilon(y) = \varepsilon(\eta) - \varepsilon(e)$$

und erhalten aus Gl. (89) mit Rücksicht auf die Beziehung:

$$\int y\,ds\,\frac{J_c}{J} - \int y_k\,ds\,\frac{J_c}{F\varrho^2} = 0$$

und bei Vernachlässigung quadratischer Restglieder:

$$\varepsilon(\delta_{xx}) = 2\int y\cdot\varepsilon(\eta)\,\frac{ds}{EJ}.$$

Die absoluten Beträge der positiven und negativen Bestandteile nehmen wir mit hinreichender Genauigkeit gleich groß an (Abb. 64).

Der positive Bestandteil von $\int y\,ds$ ist rund $\frac{2}{3}\cdot 14{,}46\cdot 1{,}35 = 13$. Setzt man für $\varepsilon\,(\eta)$ gleiche Beträge positiv oder negativ genommen je nach dem Vorzeichen von y, so erhält man als ungünstigste Forderung:

$$\varepsilon\,(\delta_{xx}) = 4\cdot 13\cdot \varepsilon\,(\eta)$$

oder

$$\varepsilon\,(\eta) = \frac{4{,}5}{4\cdot 13}\cdot 10^{-2} = 8{,}6\cdot 10^{-4}\,.$$

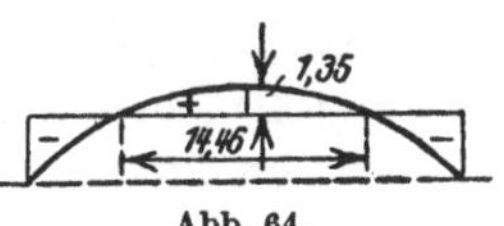

Abb. 64.

Die Forderung für $\varepsilon\,(z)$ bedingt für jeden Summanden der ersten Gl. (91) den höchst zulässigen Fehler von $\frac{8{,}7}{2}\cdot 10^{-4}$, aus $y = \eta - e$ folgt dann weiter:

$$\varepsilon\,(\eta) = \frac{8{,}7}{4}\cdot 10^{-4} = 2{,}2\cdot 10^{-4}\,,$$

$$\varepsilon\,(e) \qquad = 2{,}2\cdot 10^{-4}\,.$$

Dieser Wert von $\varepsilon\,(\eta)$ ist ungünstiger als der für die Berechnung von δ_{xx} ermittelte, er fordert für η 4 Stellen.

e wird nach Gl. (88) als Bruch ermittelt, dessen Zähler und Nenner zur Abkürzung mit a und b bezeichnet werden mögen.

Man hat dann:

$$\varepsilon\,(e) = \frac{\varepsilon\,(a)}{b} + \frac{e}{b}\,\varepsilon\,(b) = 2{,}2\cdot 10^{-4}\,.$$

Mit $b = 25{,}74$ und $e = 2{,}65$ zerlegen wir weiter in

$$\varepsilon\,(a) = 25{,}74\cdot 1{,}1\cdot 10^{-4} = 2{,}8\cdot 10^{-3}\,,$$

$$\varepsilon\,(b) = \frac{25{,}74}{2{,}65}\cdot 1{,}1\cdot 10^{-4} = 1{,}1\cdot 10^{-3}\,.$$

Die Nennergröße erfordert also für die Ermittlung von e die Beibehaltung von 3 Stellen.

Indem wir weiter für jeden der beiden Summanden von a den Fehler von $1{,}4\cdot 10^{-3}$ zulassen, fordern wir

$$\varepsilon\,(\eta)\int ds\,\frac{J_c}{J} = 1{,}4\cdot 10^{-3}$$

oder

$$\varepsilon\,(\eta) = \frac{1{,}4}{25{,}74}\cdot 10^{-3} = 5{,}4\cdot 10^{-5}\,.$$

Zwecks Berechnung von e muß daher ebenfalls η mit 4 Stellen eingeführt werden.

Die bisherigen Betrachtungen nehmen auf die Fehler bei den in den Formeln (88) und (89) vorkommenden Integrationen noch keine Rücksicht. Die mitunter bei passend gewählter Bogenform und Querschnittsänderung durchgeführte Integration in geschlossener Form ermöglicht zwar, ähnlich wie bei dem unter Nr. 30 durchgeführten Beispiel des Kreisbogens eine beliebige Genauigkeit, doch abgesehen davon, daß auch hierbei die Zahlenrechnungen sich in der Regel keineswegs besonders kurz gestalten, wird auch die lediglich im Interesse einer Berechnungsmethode festgelegte Form und Querschnittsänderung als eine mißliche Beschränkung empfunden werden, die sich namentlich bei dem Entwurf sogenanter Stützliniengewölbe und ihrer Verbesserung auf Grund des mit Hilfe der Elastizitätstheorie erkannten Stützlinienverlaufes bemerkbar macht. Man wird es daher vorziehen, sich durch die Wahl numerischer Integrationsverfahren von der Festlegung auf spezielle Klassen von Bogenformen frei zu machen. Bei dem unter Nr. 33 benutzten Verfahren läßt sich auch bei freier Gestaltung die Bogenform für die numerische Auswertung der Integrale streng definieren, so daß bei genügend enger Intervallteilung ein beliebiger Genauigkeitsgrad erzielt werden kann. Um einen Anhalt zu gewinnen, wurde in folgendem die ihrer einfachen Form wegen beliebte Simpsonsche Regel bei Teilung einer Bogenhälfte in 10 Teile auf den Kreisbogen angewandt, für welchen uns zum Vergleich die strenge Ermittlung nach Nr. 30 zur Verfügung steht. Das Ergebnis ist bei dem durchgeführten Beispiel mit $\frac{f}{l} = \frac{1}{6}$ zufriedenstellend und ebenso bei flacheren Bögen. Bei größeren Pfeilhöhen, z. B. $\frac{f}{l} = 0{,}25$, läßt die Genauigkeit des Simpsonschen Verfahrens nach. Da erfahrungsgemäß selbst die Halbierung der Intervallbreite bei Anwendung der Simpsonschen Regel von geringer Wirkung ist, wurde auf letzteres Beispiel noch das Verfahren von Gauß[1]) angewandt. Bei Benutzung von 5 Zwischenordinaten für die Bogenhälfte wurde dabei eine ausreichende Genauigkeit erzielt.

Bei Durchführung der Berechnung für den unter Nr. 30 behandelten Bogen mit $l = 24$ m und $f = 4$ m ergänzen wir zunächst die Angabe der Ordinaten für eine Teilung der Bogenhälfte in 10 Teile, also für eine Intervallbreite von 1,2 m. In Formel (88) ist ferner zu setzen:

$$\frac{J_s}{J} = 1 \qquad \frac{J}{F\varrho^2} = \alpha = 0{,}000063 \qquad \eta_k = 16\,\text{m}\,,$$

dadurch hat man:

$$e = \frac{\int \eta\, ds - 16\alpha \cdot \int ds}{\int ds(1+\alpha)}\,,$$

[1]) Heine: Handbuch der Kugelfunktionen. — Runge-König: Numerisches Rechnen. Berlin: Julius Springer 1924.

	η	$\sec\varphi$	$\eta\cdot\sec\varphi$		y	y^2	$y^2\sec\varphi$
0.	0	1,25	0	1	—2,64675	7,00529	8,75661
1.	0,833300	1,188122	0,990062	4	—1,81345	3,28860	3,90726
2.	1,545370	1,139902	1,761570	2	—1,10138	1,21304	1,38275
3.	2,150482	1,101900	2,369616	4	—0,49627	0,24628	0,27138
4.	2,659046	1,071866	2,850125	2	0,01230	0,00015	0,00016
5.	3,078784	1,048284	3,227440	4	0,43203	0,18665	0,19566
6.	3,415458	1,030108	3,518291	2	0,76871	0,59092	0,60871
7.	3,673332	1,016604	3,734324	4	1,02658	1,05387	1,07137
8.	3,855478	1,007278	3,883538	2	1,20873	1,46103	1,47166
9.	3,963968	1,001804	3,971119	4	1,31722	1,73507	1,73820
10.	4,0	1,0	4,0	1	1,35325	1,83129	1,83129

Weiter ist

$$\int ds = \int \sec\varphi\cdot dx\,, \qquad \int \eta\, ds = \int \eta\cdot\sec\varphi\cdot dx\,.$$

Diese beiden Integrale finden wir nach der Simpsonschen Regel durch Summierung der mit den „Gewichten" 1, 4, 2, 4 . . . multiplizierten Zahlen der 2. und 3. Spalte.

Für eine Bogenhälfte ergibt sich:

$$\int ds = \frac{1,2}{3}\cdot 32{,}175164\,,$$

$$\int \eta\, ds = \frac{1,2}{3}\cdot 85{,}197292\,.$$

Hiermit bestimmen wir:

$$e = \frac{85{,}197292 - 16\cdot 0{,}000063\cdot 32{,}175164}{32{,}175164\,(1+0{,}000063)} = 2{,}64675\,.$$

Jetzt können wir die Werte der letzen 3 Spalten aufstellen und betimmen weiter mit Hilfe der 6. Spalte:

$$\int y^2\, ds = \frac{1,2}{3}\cdot 46{,}24994\,,$$

weiter gilt:

$$y_k = e + 16 = 18{,}64675\,.$$

Die erste der Formeln (89) liefert somit:

$$\delta_{xx} = 2\cdot\frac{1,2}{3}\cdot 46{,}24994 + y_k^2\cdot 0{,}000063\cdot\frac{2\cdot 1,2}{3}\cdot 32{,}175164 = 37{,}564\,.$$

Unter Nr. 30 hatten wir $e = 2{,}64681$ gefunden, mit dem obiger Wert bei Abrundung auf 4 Stellen mit gerade noch ausreichender Genauigkeit übereinstimmt.

Die genaue Bestimmung von δ_{xx} nach Gl. (72a) würde ferner liefern:

$$\delta_{xx} = 20\cdot 18{,}646812\cdot 24\cdot 0{,}004194 = 37{,}538.$$

Das oben ermittelte Resultat weicht hiervon um $2{,}6\cdot 10^{-2}$ ab. Für die Ermittlung der Einflußzahlen für X hatten wir bei 2 Stellen

$$\varepsilon\,(\delta_{xx}) = 4{,}5\cdot 10^{-2}$$

als zulässig gefunden. Bei Benutzung des obigen mit Hilfe der Simpsonschen Regel gefundenen Wertes für δ_{xx} dürfen wir somit eine Genauigkeit der Einflußzahlen auf mindestens 2 Dezimalen erwarten. Die Ermittlung der Einflußlinie für X stützt sich weiterhin auf die ersten der Gleichungen (90) und (91). Für die (EJfachen) z_1-Werte haben wir in vorliegendem Fall:

$$z_1 = (y - \alpha \cdot y_k) \sec \varphi$$

wobei

$$\alpha \cdot y_k = 0{,}0011747.$$

Mit Hilfe der unter Nr. 21 aufgestellten Formel (35) ersetzen wir die verteilte z-Last durch Einzelgewichte w, wobei der Abzug $f_m \frac{\lambda^2}{24}$ zu vernachlässigen ist. Die Ordinaten $\Delta\eta'$ werden dann in bekannter Weise als Momente zu den Gewichten w gefunden. Zur Bestimmung von $\Delta\eta''$ haben wir:

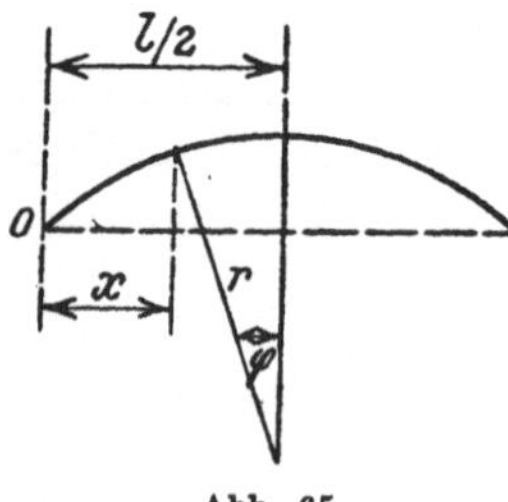

Abb. 65.

$$\zeta_1 = \alpha \cdot \varrho\, y_k \operatorname{tg} \varphi = \alpha \cdot y_k \left(\frac{l}{2} - x\right) \cdot \sec \varphi \text{ (Abb. 65).}$$

Zur Berechnung der Flächeninhalte genügt es, die ζ_1 Linie als gebrochene in den einzelnen Intervallen gerade verlaufende Linie anzunehmen, d. h. $\mathfrak{F}_{1x}$ als Summe von Trapezen zu bestimmen:

	$y - \alpha y_k$	z_1	w	$\Delta\eta':\lambda$	$\frac{l}{2} - x$	ζ_1	$-\Delta\eta'':\lambda$
0	—2,64792	—3,30990			12	0,017620	
1	—1,81462	—2,15599	—2,61266	1,7405	10,8	0,015074	0,0163
2	—1,10255	—1,25680	—1,52721	6,0936	9,6	0,012855	0,0303
3	—0,49744	—0,54813	—0,67262	11,9740	8,4	0,010872	0,0422
4	0,01113	0,01193	0,00228	18,5270	7,2	0,009066	0,0521
5	0,43086	0,45166	0,53192	25,0777	6,0	0,007388	0,0604
6	0,76754	0,79065	0,94006	31,0965	4,8	0,005809	0,0670
7	1,02541	1,04244	1,24314	36,1752	3,6	0,004299	0,0720
8	1,20756	1,21635	1,45244	40,0108	2,4	0,002840	0,0756
9	1,31605	1,31842	1,57526	42,3939	1,2	0,001413	0,0777
10	1,35208	1,35208	1,61576	43,2018	0	0	0,0784

Multipliziert man die Differenzen der 4. und 7. Spalte mit

$$\frac{\lambda}{\delta_{xx}} = \frac{1{,}2}{37{,}564},$$

so erhält man folgende Ordinaten der X-Linie:

1.	0,055	6.	0,991 (0,992)
2.	0,194 (0,194)	7.	1,153
3.	0,381	8.	1,276 (1,277)
4.	0,590 (0,591)	9.	1,352
5.	0,799	10.	1,378 (1,378)

Die unter Nr. 30 nach dem strengen Verfahren ermittelten Werte sind in Klammern beigefügt. Von der Wiedergabe der weit weniger empfindlichen Berechnungen der Größen Y und Z wurde abgesehen. Eine nach gleichen Grundsätzen durchgeführte Berechnung für den flacheren Bogen mit $l = 24$, $f = 3{,}6$, $\frac{f}{l} = 0{,}15$ sowie für den steileren Bogen mit $l = 24$, $f = 6$, $\frac{f}{l} = 0{,}25$ beschränken wir auf die Ermittlung von e und δ_{xx}. Es ergab sich folgende Zusammenstellung:

$$\frac{f}{l} = 0{,}15 \qquad e = 2{,}38491\,(2{,}38494)\,,$$
$$\delta_{xx} = 30{,}212\,(30{,}199)\,,$$
$$\frac{f}{l} = 0{,}25 \qquad e = 3{,}9240\,(3{,}9400)\,,$$
$$\delta_{xx} = 91{,}403\,(91{,}198)\,.$$

Die Fehlerbetrachtung ergibt in dem letzten Fall mit $\frac{f}{l} = 0{,}25$:

$$\varepsilon(z) = \frac{8{,}91}{24^2} \cdot \frac{5}{3} \cdot 10^{-3} = 2{,}1 \cdot 10^{-3}$$

und somit

$$\varepsilon(e) = 5 \cdot 10^{-4}.$$

Schätzt man ferner den Wert für die Einflußordinate für X in der Mitte gleich 1,0, so folgt daraus:

$$\varepsilon(\delta_{xx}) = \frac{91}{1{,}0} \cdot \frac{5}{3} \cdot 10^{-3} = 0{,}15\,.$$

Die zulässigen Fehler werden sowohl bei e wie bei δ_{xx} überschritten.

Nach dem Verfahren von Gauß wird der Integrationswert mit Hilfe der Summe

$$R_1 y_1 + R_2 y_2 + \cdots R_n y_n$$

erhalten, wobei die Ordinaten y an bestimmten Stellen des Integrationsintervalles auszuwählen sind. Erstreckt sich das Intervall von -1 bis $+1$, was durch Einführen einer passenden Veränderlichen u stets erreicht werden kann, so hat man:

$$\frac{1}{2}\int_{-1}^{+1} y\,du = \sum R y\,.$$

Bei Benutzung von 5 Ordinaten sind die entsprechenden Abszissen u sowie die „Gewichte" R aus folgender Zusammenstellung zu entnehmen[1]).

	u	R
1	$-0{,}906179846$	0,118463443
2	$-0{,}538469310$	0,239314335
3	0	0,284444444
4	$+0{,}538469310$	0,239314335
5	$+0{,}906179846$	0,118463443

[1]) Runge-König: Numerisches Rechnen. (Grundlehren d. mathemat. Wissenschaften Bd. 11.) Berlin: Julius Springer 1924.

Um für eine Bogenhälfte die Integralwerte

$$\int ds = \int \sec\varphi\, dx\,,$$
$$\int \eta ds = \int \eta \sec\varphi\, dx\,,$$
$$\int y^2 ds = \int y^2 \sec\varphi\, dx$$

zu bestimmen, setzen wir:

$$x = \frac{l}{4}(1+u)\,.$$

u nimmt dann an den Grenzen die Werte -1 und $+1$ an. Zu den oben notierten Zwischenwerten von u bestimmen wir dann die entsprechenden Werte x. Die weitere, auf den steileren Bogen mit $\frac{f}{l} = 0{,}25$ angewandte Berechnung geht aus folgender Zusammenstellung hervor:

	x	η	$\sec\varphi$	$\eta\sec\varphi$
1	0,562921	0,705319	1,5455443	1,090102
2	2,769184	2,823368	1,2686740	3,581934
3	6	4,747727	1,0910895	5,180195
4	9,230816	5,742171	1,0174892	5,842597
5	11,437079	5,989434	1,0007049	5,993656

Die mit R multiplizierten Zahlen der 3. und 4. Spalte liefern:

$$\int ds = \frac{l}{2}\cdot 1{,}159103\,,$$
$$\int \eta ds = \frac{l}{2}\cdot 4{,}568069\,.$$

Mit $\eta_k = 9$ hat man jetzt aus Gl. (88):

$$e = \frac{4{,}568069 - 9\cdot 0{,}000063\cdot 1{,}159103}{1{,}159103\,(1+0{,}000063)} = 3{,}94022\,.$$

	y	y^2	$y^2\sec\varphi$
1	$-3{,}23490$	10,46458	16,17347
2	$-1{,}11685$	1,24735	1,58248
3	0,80751	0,65207	0,71147
4	1,80195	3,24702	3,30381
5	2,04921	4,19926	4,20223

$$\int y^2 ds = \frac{l}{2}\cdot 3{,}78551 \qquad y_k = 12{,}94022\,,$$

$$\delta_{xx} = 2\cdot\frac{l}{2}\,(3{,}78551 + y_k^2\cdot 0{,}000063\cdot 1{,}159103) = 91{,}146\,.$$

Die Fehler bleiben daher sowohl bei e wie bei δ_{xx} unter den als zulässig erachteten Grenzen.

33. Definition der Bogenlinie bei freier Gestaltung, Beispiel.

Beliebige Bogenform. Von einer Bogenlinie sei die zweite Ableitung bis auf einen Faktor $\mathfrak{H}$ gleich einer gegebenen Funktion z von x:

$$\mathfrak{H} \cdot \frac{d^2 \eta}{d x^2} = -z\,. \tag{92}$$

Ferner sei für $x = 0$ und $x = l$ $\eta = 0$. Die Lösungen η der Gl. (92) lassen sich bekanntlich als Seillinien zu den als Gewichten gedeuteten z-Werten auffassen. $\mathfrak{H} \cdot \eta$ und $\mathfrak{H} \cdot \frac{d\eta}{dx}$ sind gleich dem Moment und der Querkraft eines Stabes von der Stützweite l mit der Belastung z. Ist für den Bogen noch ein dritter Punkt g, etwa $x = \frac{l}{2}$ $\eta = f$ bekannt, so ist $\mathfrak{H}$ bestimmt durch die Gleichung:

$$\mathfrak{H} \cdot f = M_g\,. \tag{93}$$

Die Definition eines Bogens mit Hilfe einer einfach geformten z-Gewichtslinie ermöglicht die leichte Anpassung an eine beliebige Bogenform und eignet sich besonders bei Benutzung der allgemeinen Formeln unter Nr. 31 wegen der einfachen Ermittlung von Krümmungsradius, Tangente und Ordinate.

In folgendem Beispiel (Abb. 66) wurden bei einer Stützweite von 24 m und einer Pfeilhöhe von 4 m für 10 in der gleichen Entfernung

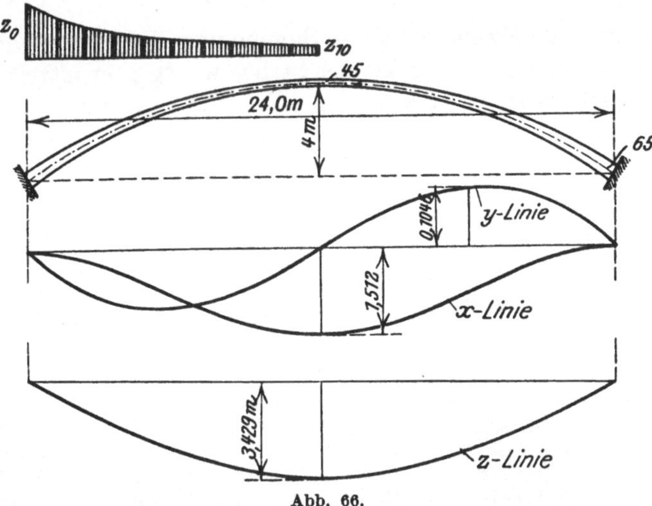

Abb. 66.

von $\lambda = 1{,}2$ m gelegene Teilpunkte der halben Spannweite in Anlehnung an einen Vorentwurf folgende z-Werte gewählt:

$z_0 = 9{,}4$ $z_1 = 7{,}6$ $z_2 = 6{,}1$ $z_3 = 5{,}0$ $z_4 = 4{,}1$ $z_5 = 3{,}4$
$z_6 = 2{,}9$ $z_7 = 2{,}5$ $z_8 = 2{,}2$ $z_9 = 2{,}1$ $z_{10} = 2{,}1$

Zwischen diesen Teilpunkten wird ein geradliniger Verlauf der z-Linie angenommen. Zwecks Ermittlung der Momente ersetzen wir das verteilte Gewicht durch Einzelgewichte w in den Teilpunkten unter Benutzung der Formel:

$$w_m = \frac{\lambda}{6}(z_{m-1} + 4z_m + z_{m+1}).$$

Die folgende Zusammenstellung enthält die w-Gewichte sowie die in bekannter Weise durch doppelte Summenbildung ermittelten Momente M. Aus M_{10} findet man nach Gl. (93) $\mathfrak{H} = \frac{907{,}9}{4{,}0}\frac{\lambda^2}{6}$. Teilt man M durch diesen Wert, so hat man η.

	w	m	η	tg φ	sec φ	ϱ
0.	—	0	0	$\frac{1}{90{,}79}\cdot 83{,}3$	1,3571329	14,48534
1.	$\frac{\lambda}{6}\cdot 45{,}9$	$\frac{\lambda^2}{6}\cdot 223{,}5$	0,9846899	„ 66,3	1,2382547	13,60836
2.	„ 37,0	„ 401,1	1,7671550	„ 52,6	1,1557062	13,78484
3.	„ 30,2	„ 541,7	2,3866065	„ 41,5	1,0995178	14,48191
4.	„ 24,8	„ 652,1	2,8730036	„ 32,4	1,0617695	15,90362
5.	„ 20,6	„ 737,7	3,2501377	„ 24,9	1,0369273	17,86303
6.	„ 17,5	„ 802,7	3,5365128	„ 18,6	1,0207698	19,97942
7.	„ 15,1	„ 850,2	3,7457870	„ 13,2	1,0105139	22,48412
8.	„ 13,4	„ 882,6	3,8885340	„ 8,5	1,0043730	25,08718
9.	„ 12,7	„ 901,6	3,9722436	„ 4,2	1,0010694	26,02332
10.	„ 12,6	„ 907,9	4,0	„ 0	1	25,94

$\mathfrak{H}\cdot$tg φ wird als Flächeninhalt — Summe von Trapezen — der unter der z-Linie vom Scheitel bis zu der Stelle, wo tg φ ermittelt werden soll, sich erstreckenden Fläche $\mathfrak{F}_\xi$ (Abb. 66) gefunden, schließlich findet man:

$$\varrho = -\frac{\sec\varphi^3}{\frac{d^2\eta}{dx^2}} = \mathfrak{H}\cdot\frac{\sec\varphi^3}{z}. \tag{94}$$

Die von 0,45 m im Scheitel auf 0,65 m im Kämpfer anwachsenden Querschnittsflächen sind in der nachfolgenden Tabelle angegeben. Das Trägheitsmoment im Scheitel wird gleich J_c gesetzt.

	F	$\frac{J_c}{F}\sec\varphi$	$\frac{J_c}{J}\sec\varphi$	$\eta\frac{J_c}{J}\sec\varphi$	$\eta^2\frac{J_c}{J}\sec\varphi$
0	0,65	0,0158550	0,4503186	0	0
1	0,625	0,0150448	0,4621761	0,455100	0,448132
2	0,602	0,0145783	0,4827202	0,853041	1,507456
3	0,581	0,0143708	0,5108712	1,219249	2,909868
4	0,561	0,0143722	0,5479983	1,574401	4,523260
5	0,542	0,0145280	0,5934553	1,928811	6,268901
6	0,523	0,0148212	0,6502200	2,299511	8,132250
7	0,505	0,0151952	0,7149994	2,678235	10,032098
8	0,486	0,0156933	0,7973037	3,100343	12,055789
9	0,468	0,0162433	0,8899471	3,535087	14,042227
10	0,45	0,016875	1	4	16

Die 3. und 4. Spalte liefern mit Hilfe der Simpsonschen Regel für eine Bogenhälfte:

$$\int ds \frac{J_c}{J} = \frac{1,2}{3} \cdot 19,092599\,,$$

$$\int \eta\, ds \frac{J_c}{J} = \frac{1,2}{3} \cdot 58,920520\,.$$

Für die weitere Rechnung haben wir zunächst $\eta_k = \varrho \cos \varphi - \eta$.

	$\frac{J_c}{F\varrho^2} \sec \varphi \cdot 10^4$	$\varrho \cos \varphi$	η_k	$\eta_k \cdot \frac{J_c}{F\varrho^2} \sec \varphi \cdot 10^3$	$\eta_k^2 \frac{J_c}{F \cdot \varrho^2} \sec \varphi$
0	0,7556	10,673484	10,673484	0,8065	0,008608
1	0,8124	10,989949	10,005259	0,8128	0,008132
2	0,7672	11,927634	10,160479	0,7795	0,007920
3	0,6852	13,171152	10,784546	0,7390	0,007970
4	0,5682	14,978416	12,105412	0,6878	0,008326
5	0,4553	17,226892	13,976754	0,6364	0,008895
6	0,3713	19,572528	16,036015	0,5954	0,009548
7	0,3006	22,250197	18,504410	0,5562	0,010292
8	0,2494	24,977943	21,089409	0,5260	0,011093
9	0,2399	25,995513	22,023269	0,5283	0,011635
10	0,2508	25,94	21,94	0,5503	0,012074

Die 1. und 4. Spalte liefern für eine Bogenhälfte:

$$\int ds \frac{J_c}{F\varrho^2} = \frac{1,2}{3} \cdot 0,001489\,,$$

$$\int \eta_k\, ds \frac{J_c}{F\varrho^2} = \frac{1,2}{3} \cdot 0,019625\,.$$

Durch Gl. (88) erhält man jetzt:

$$e = \frac{58,920520 - 0,019625}{19,092599 + 0,001489} = 3,084771\,.$$

Die erste der Gl. (89) läßt sich mit Hilfe von $y = \eta - e \quad y_k = \eta_k + e$ auch in folgender Weise schreiben:

$$\delta_{xx} = \int \eta^2 ds \frac{J_c}{J} + \int \eta_k^2 ds \frac{J_c}{F\varrho^2} - e^2 \left(\int ds \frac{J_c}{J} + \int ds \frac{J_c}{F\varrho^2} \right).$$

Mit Hilfe der in den letzten Spalten angegebenen Werte findet man:

$$\int \eta^2 ds \frac{J_c}{J} = \frac{1,2}{3} \cdot 203,242414\,,$$

$$\int \eta_k^2 ds \frac{J_c}{F\varrho^2} = \frac{1,2}{3} \cdot 0,282152\,,$$

$$\delta_{xx} = 2 \cdot \frac{1,2}{3} (203,524566 - e^2 \cdot 19,094088) = 2 \cdot \frac{1,2}{3} \cdot 21,8288\,.$$

Zugleich hat man:

$$\delta_{zz} = 2 \cdot \frac{1,2}{3} \cdot 19,0941\,.$$

Zur Berechnung von δ_{yy} hat man weiter:

	$-\xi$	$-\xi\cdot\frac{J_c}{J}\sec\varphi$	$\xi^2\cdot\frac{J_c}{J}\sec\varphi$	$-\xi_k$	$-\xi_k\frac{J_c}{F\cdot\varrho_2}\sec\varphi\cdot 10^3$	$\xi_k^2\cdot\frac{J_c}{F\cdot\varrho^2}\sec\varphi\cdot 10^3$
0	12	5,403823	64,84588	2,207	0,1668	0,368
1	10,8	4,991502	53,90822	2,775	0,2254	0,625
2	9,6	4,634114	44,48749	2,690	0,2063	0,555
3	8,4	4,291318	36,04707	2,379	0,1630	0,388
4	7,2	3,945588	28,40823	1,855	0,1054	0,195
5	6,0	3,560731	21,36439	1,275	0,0581	0,074
6	4,8	3,121056	14,98107	0,790	0,0293	0,023
7	3,6	2,573998	9,26639	0,365	0,0110	0,004
8	2,4	1,913529	4,59247	0,061	0,0015	0,001
9	1,2	1,067937	1,28152	—0,0026	— 0,0000	0,000
10	0	0	0	0	0	0

Für eine Bogenhälfte:

$$\int \xi^2\,ds\,\frac{J_c}{J} = \frac{1,2}{3}\cdot 737,2548\,,$$

$$\int \xi_k^2\,ds\,\frac{J_c}{F\varrho^2} = \frac{1,2}{3}\,0,0063\,.$$

Hiermit hat man $$\delta_{yy} = 2\cdot\frac{1,2}{3}\cdot 737,261\,.$$

Zur Darstellung der Einflußlinien ermitteln wir weiterhin die Gewichtsordinaten z nach Gl. (91) und aus diesen die w-Gewichte nach Gl. (35). Auf die Wiedergabe von Zwischenrechnungen möge verzichtet werden, nur die Resultate der einzelnen Operationen seien nachfolgend zusammengestellt.

	z_x	$M_x:\lambda$	z_y	$M_y:\lambda$	z_z	$M_z:\lambda$	$\zeta_3\cdot 10^3$	ζ_1
0	—1,390170		5,40382		0,45039		0,7400	0,01018
1	—0,971670	0,7572	4,99150	21,4213	0,46226	7,3790	0,6520	0,00854
2	—0,637056	2,6887	4,63413	36,8472	0,48280	14,2024	0,5302	0,00702
3	—0,357622	5,3903	4,29135	46,7107	0,51094	20,4457	0,4125	0,00572
4	—0,116911	8,5248	3,94565	51,4250	0,54806	26,0750	0,3037	0,00461
5	0,097361	11,8023	3,56084	51,4083	0,59350	31,0458	0,2151	0,00367
6	0,293022	14,9648	3,12122	47,1241	0,65026	35,3032	0,1489	0,00285
7	0,471977	17,7774	2,57420	39,1052	0,71503	38,7795	0,0972	0,00210
8	0,640240	20,0247	1,91375	28,0086	0,79733	41,3961	0,0583	0,00141
9	0,789202	21,5056	1,06810	14,6341	0,88997	43,0548	0,0288	0,00072
10	0,914601	22,0418	0	0	1,00003	43,6438	0	0

Der Beitrag durch die Größen $\Delta\eta''$ ist gering, er erscheint bei X in der 3. und bei z in der 4. Stelle. Bei y erscheint er erst in der 6. Stelle und wird daher vernachlässigt.

	$-\Delta\eta_1'':\lambda$				$\Delta\eta_3'':\lambda$		
1	0,0094	6	0,0361	1	0,00070	6	0,00256
2	0,0171	7	0,0385	2	0,00129	7	0,00268
3	0,0235	8	0,0403	3	0,00176	8	0,00276
4	0,0287	9	0,0414	4	0,00212	9	0,00280
5	0,0328	10	0,0417	5	0,00238	10	0,00282

Als Schlußresultat erhält man folgende Einflußordinaten:

X				Y (links)				Z			
1	0,051	6	1,026	1	0,0436	6	0,0959	1	0,580	6	2,774
2	0,184	7	1,219	2	0,0750	7	0,0796	2	1,116	7	3,047
3	0,369	8	1,373	3	0,0950	8	0,0570	3	1,606	8	3,252
4	0,584	9	1,475	4	0,1046	9	0,0298	4	2,049	9	3,383
5	0,809	10	1,512	5	0,1046	10		5	2,439	10	3,429

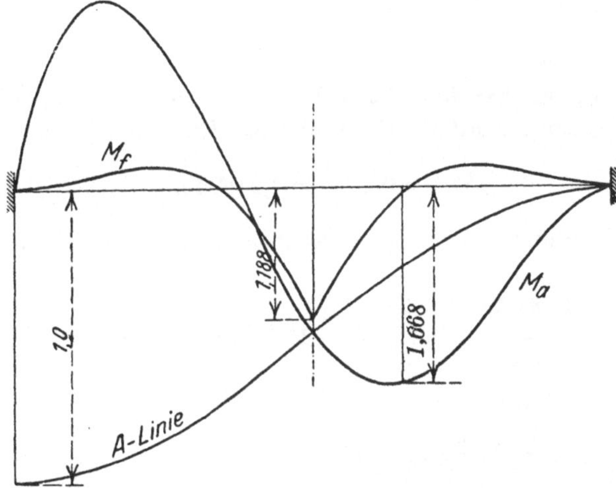

Abb. 67.

Der Verlauf der Einflußlinien wurde in Abb. 66 dargestellt. Abb. 67 zeigt ferner den Verlauf des linken Auflagerdruckes A, des linken Kämpfermomentes M_a und des Scheitelmomentes M_f.

$$A = A_0 + Y,$$

$$M_a = Xe - Y \cdot \frac{l}{2} - Z,$$

$$M_f = Xe + Y \frac{l}{2} - Z.$$

	A	M_a	M_f		A	M_a
0	1	0	0	0′	0	0
1	0,9936	−0,944	−0,027	1′	0,0064	0,102
2	0,9730	−1,449	−0,084	2′	0,0250	0,351
3	0,9450	−1,609	−0,144	3′	0,0550	0,672
4	0,9446	−1,503	−0,183	4′	0,0954	1,008
5	0,8546	−1,199	−0,179	5′	0,1454	1,311
6	0,7959	−0,760	−0,112	6′	0,2041	1,542
7	0,7296	−0,241	+0,038	7′	0,2704	1,668
8	0,6570	+0,300	0,291	8′	0,3430	1,668
9	0,5798	0,810	0,668	9′	0,4202	1,525
10	0,5	1,235	1,188			

VIII. Anwendungen. Allgemeine Verwendung von Hauptachsen.

34. Beispiel einer kontinuierlichen Bogenbrücke mit zwei Öffnungen.

Kontinuierliche Bogenbrücke mit 2 Öffnungen. Die Abmessungen der beiden Bögen seien die des Beispiels in Nr. 33 (Abb. 66). Dabei war

$$e = 3{,}08477 \quad \delta_{xx} = 17{,}4630 \quad \delta_{yy} = 589{,}8088 \quad \delta_{zz} = 15{,}2753 .$$

Ferner besitze der Mittelpfeiler eine Höhe $h = 6{,}0$ m und eine Breite von 1,0 m. J_c war bei dem Bogen bereits gleich dem Trägheitsmoment im Scheitel gesetzt worden. Dadurch folgt für den Pfeiler:

$$h' = 6{,}0 \frac{0{,}45^3}{1{,}0^3} = 0{,}54675 \text{ m} .$$

Zur Aufstellung der Elastizitätsgleichung nach Nr. 27, Gl. (56) hat man:

$$a_{11} = 2\left(\frac{3{,}08477^2}{17{,}4630} + \frac{144}{589{,}8088} + \frac{1}{15{,}2753}\right) + \frac{4}{0{,}54675} = 9{,}02500 ,$$

$$a_{12} = 2 \cdot \frac{3{,}08477}{17{,}4630} - \frac{1}{0{,}54675} = -1{,}47570 ,$$

$$a_{22} = \frac{2}{17{,}4630} + \frac{2}{6 \cdot 0{,}54675} = 0{,}72419 .$$

Bei Belastung des linken Bogens sind die rechten Seiten der Gl. (56):

$$L_1 = M_b^{(0)} ,$$
$$L_2 = X_1^{(0)} ,$$

wobei die $M_b^{(0)}$-Linie symmetrisch zu der am Schluß der vorigen Nummer ermittelten M_a-Linie verläuft; $X_1^{(0)}$ ist gleich der Größe X in voriger Nummer. Die Auflösung ergibt:

$$\nu = 0{,}16617\, M_b^{(0)} + 0{,}33861\, X_1^{(0)} ,$$
$$\lambda = 0{,}33861\, M_b^{(0)} + 2{,}07085\, X_1^{(0)} .$$

Die weitere Berechnung erfolgt nach den Formeln (54) und 48):

$$X_1 = -0{,}04874\, M_b^{(0)} + 0{,}82160\, X_1^{(0)} ,$$
$$X_2 = 0{,}04874\, M_b^{(0)} + 0{,}17840\, X_1^{(0)} ,$$
$$Y_1 = -0{,}02035 \cdot \nu + Y_1^{(0)} ; \qquad Y_2 = -0{,}02035 \cdot \nu ,$$
$$Z_1 = 0{,}06546 \cdot \nu + Z_1^{(0)} ; \qquad Z_2 = -0{,}06546 \cdot \nu .$$

Zu den Einflußzahlen bei Belastung des rechten Bogens führt die einfache Überlegung, daß z. B. der linke Zweig der X_2-Linie symmetrisch dem rechten Zweig der X_1-Linie verläuft. Zum Vergleich mit dem beiderseits starr eingespannten Bogen wurden nachfolgend die Ordinaten der X_1-, Y_1- und Z_1-Linien zusammengestellt. Der Verlauf

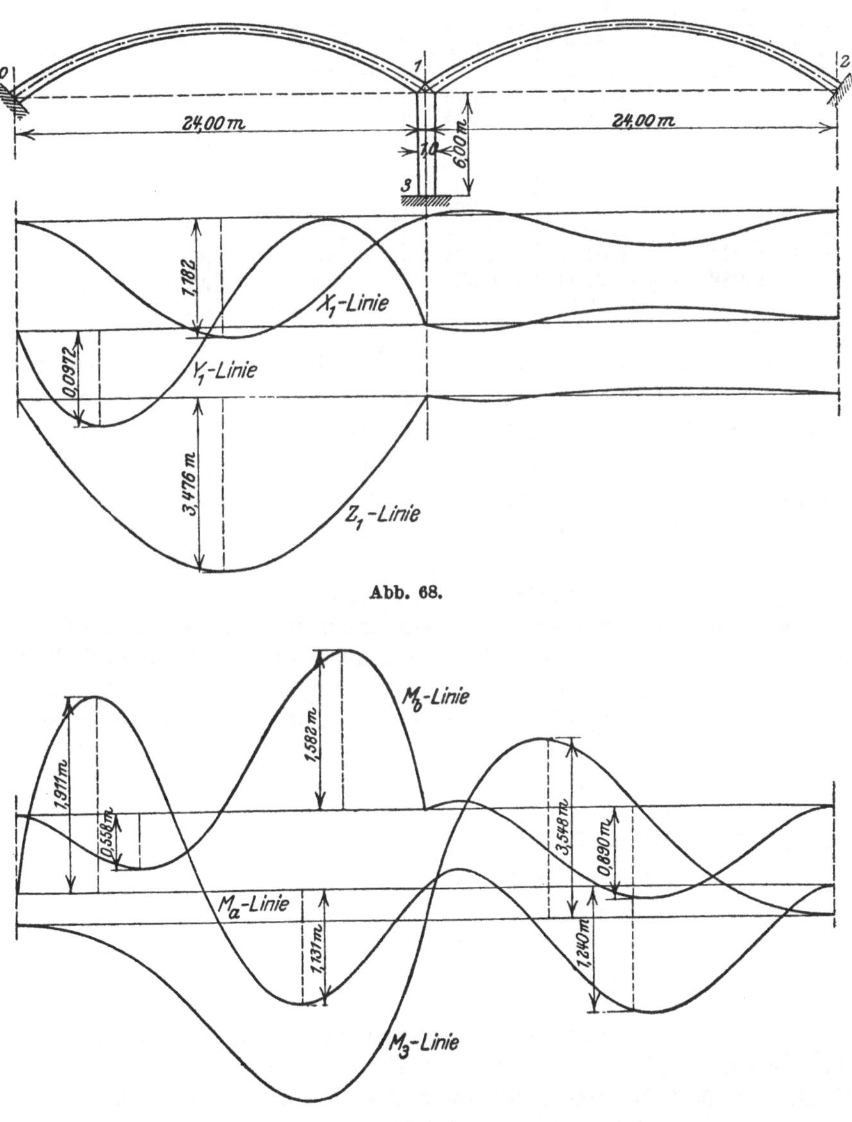

Abb. 68.

Abb. 69.

ist aus der Abb. 68 ersichtlich. Ferner wurden in Abb. 69 die Kämpfermomente M_a und M_b am linken Bogen, sowie das Einspannmoment am Fuße der Mittelstütze dargestellt.

	Last am:					
	linken Bogen			rechten Bogen		
	X_1	Y_1	Z_1	X_1	Y_1	Z_1
1	0,037	0,0429	0,582	—0,037	0,0028	0,009
2	0,134	0,0725	1,124	—0,038	0,0036	0,012
4	0,431	0,0972	2,073	0,031	0,0011	0,003
6	0,768	0,0836	2,814	0,146	—0,0045	—0,014
8	1,047	0,0419	3,301	0,260	—0,0105	—0,034
10	1,182	—0,0146	3,476	0,330	—0,0146	—0,047
8′	1,114	—0,0675	3,286	0,326	—0,0151	—0,049
6′	0,880	—0,1004	2,788	0,258	—0,0123	—0,040
4′	0,553	—0,1035	2,046	0,153	—0,0074	—0,024
2′	0,222	—0,0714	1,104	0,050	—0,0025	—0,008
1′	0,088	—0,0408	0,571	0,014	—0,0007	—0,002

35. Allgemeine Einführung von Hauptachsen. Ausdruck für die Formänderungsarbeit. Form der Elastizitätsgleichungen. Bogenstäbe mit einseitigem oder beiderseitigem Gelenkanschluß.

Allgemeine Verwendung von Hauptachsen. Der Vorteil der in Nr. 27 eingeführten Hauptachsen liegt in der einfachen Form der Gl. (51), nach welcher die an Stelle von M_i M_k und N_r eingeführten Bogengrößen $X\,Y\,Z$ nur von je einer der nach Gl. (50) oder (61) transformierten Eigenkoordinaten $\delta_1\,\delta_2\,\delta_3$ abhängen.

Die Benutzung von Hauptachsen, auch bei geraden Stäben, gestattet eine Aufstellung der Elastizitätsgleichungen, die der Einheitlichkeit wegen bei Rahmenwerken mit gekrümmten und geraden Stäben den Vorteil großer Übersichtlichkeit bietet. Bei einem geraden Stab setze man als Spezialisierung der Gl. (48) oder (60):

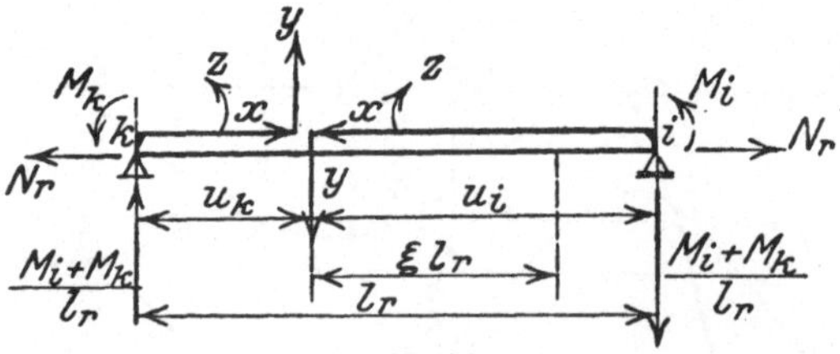

$$\begin{aligned} M_i &= Y u_i - Z \\ M_k &= Y \cdot u_k + Z \\ N_r &= -X \end{aligned} \tag{95}$$

Abb. 70.

Man kann diese Transformation durch Angliederung der starren Stäbe oi und ok an den Endquerschnitten anschaulich machen, an welchen die Kräfte X, Y und das Moment Z nach Abb. 70 angreifen. An Stelle von $\delta_1\,\delta_2\,\delta_3$ mögen allgemein die Bezeichnungen $\mathfrak{x}$, $\mathfrak{y}$, $\mathfrak{z}$, eingeführt werden. Die Gl. (51) lautet hiermit:

$$\left.\begin{aligned} \mathfrak{x}_0 + X\,\delta_{\mathfrak{x}\mathfrak{x}} &= \mathfrak{x} \\ \mathfrak{y}_0 + Y\,\delta_{\mathfrak{y}\mathfrak{y}} &= \mathfrak{y} \\ \mathfrak{z}_0 + Z\,\delta_{\mathfrak{z}\mathfrak{z}} &= \mathfrak{z} \end{aligned}\right\} \tag{96}$$

Für die Folge setzen wir bei einem gekrümmten oder geraden Stab:

$$c_r = \frac{1}{\delta_{xx}}, \qquad c_r' = \frac{1}{\delta_{yy}}, \qquad c_r'' = \frac{1}{\delta_{zz}}.$$

Bei einem geraden Stab hat man mit den Abkürzungen $dw = \frac{ds}{EJ}$ und $dw' = \frac{ds}{EF}$

$$c_r = \frac{1}{\int dw'}, \qquad c_r' = \frac{1}{l^2 \int \xi^2 dw}, \qquad c_r'' = \frac{1}{\int dw}. \tag{97}$$

Nach dem in Nr. 25 nachgewiesenen Satz dürfen wir uns für die Ermittlung der Grundkoordinaten auf reine Knotenbelastung beschränken. Dann hat man:

$$X = c_r x \qquad Y = c_r' y \qquad Z = c_r'' z \tag{98}$$

und für die Formänderungsarbeit an einem Stabe gilt der Ausdruck:

$$\frac{1}{2}(Xx + Yy + Zz) = \frac{1}{2}(c_r x^2 + c_r' y^2 + c_r'' z^2). \tag{99}$$

An einem allgemeinen durch die Grundkoordinaten w bestimmten Verschiebungszustand der zum Rahmenwerk gehörigen Kette G_2 (vgl. Nr. 24), mögen die auf die Knoten übertragenen Kräfte und Momente, die aus der Betrachtung der starr gelagerten Einzelstäbe folgen, die Arbeit $\Sigma P w$ leisten.

Nach dem in Nr. 15 angeführten Variationsprinzip hat man dann die Elastizitätsgleichungen:

$$\frac{\partial}{\partial w_m}\left[\sum \frac{1}{2}(c_r x^2 + c_r' y^2 + c_r'' z^2) - \sum P w\right] = 0 \qquad m = 1, 2 \ldots \varrho. \tag{100}$$

Zur Einführung der Grundkoordinaten benutzt man die Beziehungen:

$$\left.\begin{aligned} x &= -e(\nu_i - \nu_k) - \Delta l_r \\ y &= -\frac{l}{2}(\nu_i + \nu_k) - l\vartheta_r \\ z &= \nu_i - \nu_k, \end{aligned}\right\} \tag{101}$$

die bei geraden Stäben durch folgende zu ersetzen sind:

$$\left.\begin{aligned} x &= -\Delta l_r \\ y &= -(u_i \nu_i + u_k \nu_k + l\vartheta_r) \\ z &= \nu_i - \nu_k. \end{aligned}\right\} \tag{102}$$

Bei unsymmetrischen Bogenstäben kann man die entsprechenden Ausdrücke den Gl. (63) und (64) entnehmen, welche dort als die Faktoren von c_r c'_r und c''_r auftreten. Man erhält in jedem Fall Gleichungen von der Form:

$$\left.\begin{aligned} x &= \sum_1^{\varrho} x^{(m)} w_m \\ y &= \sum_1^{\varrho} y^{(m)} w_m \\ z &= \sum_1^{\varrho} z^{(m)} w_m \end{aligned}\right\} \tag{103}$$

Die Gl. (100) nimmt hiermit folgende endgültige Form an:

$$\sum_{n=1}^{\varrho} a_{m\,n} w_n = P_m \qquad m = 1, 2 \ldots \varrho\,, \tag{104}$$

wobei

$$a_{m\,n} = \sum_r \left(c_r x^{(m)} x^{(n)} + c'_r y^{(m)} y^{(n)} + c''_r z^{(m)} z^{(n)}\right). \tag{104a}$$

Bei Benutzung der Formeln (101) und (102) ist die Ziffer des links liegenden Knotens für k einzuführen, oder allgemein ist dabei die Ziffer des Endquerschnittes, auf welchen Z in positivem Sinn wirkt, an Stelle von k zu setzen (Abb. 52, 55, 70).

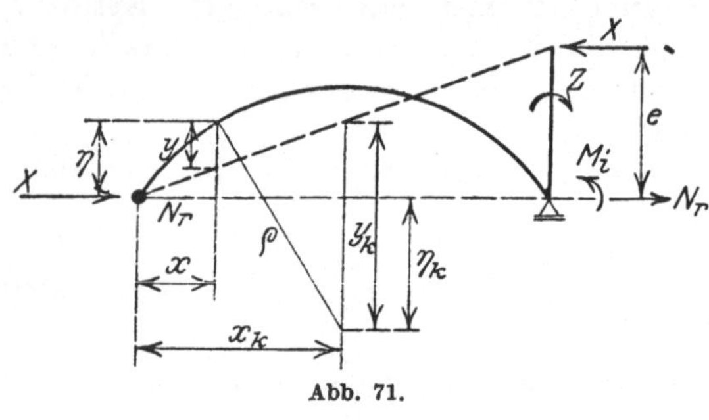

Abb. 71.

Bei Stäben mit gelenkigen Anschlüssen erfordern die Gl. (101) und (102) eine Modifikation. Bei einem Bogenstab mit einseitigem Gelenkanschluß setzen wir nach Abb. 71:

$$\left.\begin{aligned} M_i &= X e - Z \\ N_r &= -X\,. \end{aligned}\right\} \tag{105}$$

An beliebiger Stelle gilt

$$\left.\begin{aligned} M &= -X \cdot y - Z \frac{x}{l} \\ \mathfrak{N} &= N - \frac{M}{\varrho} = \frac{1}{\varrho}\left(-X y_k + \frac{Z}{l} x_k\right). \end{aligned}\right\} \tag{106}$$

e werde so bestimmt, daß die Gleichung

$$\int y x \frac{ds}{EJ} - \int y_k \cdot x_k \cdot \frac{ds}{EF\varrho^2} = 0$$

erfüllt wird.

Man findet

$$\frac{e}{l} = \frac{\int \eta x\, ds \frac{J_c}{J} - \int \eta_k x_k\, ds \frac{J_c}{F\varrho^2}}{\int x^2 ds \frac{J_c}{J} + \int x_k^2 ds \frac{J_c}{F\varrho^2}} \tag{107}$$

$$\left.\begin{aligned}\delta_{xx} &= \int y^2 \frac{ds}{EJ} + \int y_k^2 \frac{ds}{EF\varrho^2} \\ \delta_{zz} &= \frac{1}{l^2}\left[\int x^2 \frac{ds}{EJ} + \int x_k^2 \frac{ds}{EF\varrho^2}\right]\end{aligned}\right\} \tag{108}$$

Bei einem geraden Stab ist $e = 0$ zu setzen, ferner

$$\delta_{xx} = \int \frac{ds}{EF} \qquad \delta_{zz} = \frac{1}{l^2}\int x^2 \frac{ds}{EJ}. \tag{109}$$

Setzt man wie früher:

$$M_i \alpha_i + N_r \Delta l_r = X \cdot \mathfrak{x} + Z \cdot \mathfrak{z},$$

so folgt durch Benutzung der Substitutionen (105):

$$\left.\begin{aligned}\mathfrak{x} &= e\alpha_i - \Delta l_r = -e(\nu_i + \vartheta_r) - \Delta l_r \\ \mathfrak{z} &= -\alpha_i \quad = \quad \nu_i + \vartheta_r.\end{aligned}\right\} \tag{110}$$

Bei geraden Stäben fällt das Glied mit e weg. In gleicher Weise wie (98) gilt mit $c_r = \frac{1}{\delta_{xx}}$ $c_r'' = \frac{1}{\delta_{zz}}$:

$$X = c_r \mathfrak{x} \qquad Z = c_r'' \mathfrak{z} \tag{111}$$

und der Beitrag des Stabes zur Formänderungsarbeit wird:

$$\frac{1}{2}(X\mathfrak{x} + Z \cdot \mathfrak{z}) = \frac{1}{2}(c_r \mathfrak{x}^2 + c_r'' \mathfrak{z}^2). \tag{112}$$

Bei einem beiderseits gelenkig angeschlossenen Bogenstab gilt:

$$\left.\begin{aligned}M &= -X \cdot \eta \\ \mathfrak{N} &= -X \cdot \frac{\eta_k}{\varrho}\end{aligned}\right\} \tag{113}$$

$$\delta_{xx} = \int \eta^2 \frac{ds}{EJ} + \int \eta_k^2 \frac{ds}{EF\varrho^2}, \tag{114}$$

bei geraden Stäben ist

$$\delta_{xx} = \int \frac{ds}{EF}.$$

Weiter gilt bei beiderseits gelenkig angeschlossenen Stäben:

$$\mathfrak{x} = -\Delta l_r \tag{115}$$

und als Beitrag zur Formänderungsarbeit:

$$\frac{1}{2} X \cdot \mathfrak{x} = \frac{1}{2} c_r \cdot \mathfrak{x}^2. \tag{116}$$

36. Beispiel einer dreischiffigen Halle mit Mittelbogen.

Beispiel einer dreischiffigen Halle mit Mittelbogen nach Abb. 72. Die Balken über den Seitenschiffen besitzen beiderseits auf $^1/_4$ der Stützweite geradlinige Endverstärkungen. Mittel- und Auflagerhöhe verhalten sich wie 2 : 3. Der Bogen hat bei 16 m Stützweite den Pfeil von 3,2 m, entsprechend $t = 0{,}2$ und $r = l\,\frac{1+4t^2}{8t} = 11{,}6$ m. Die mit 1 und 7 bezifferten Seitenstiele haben die Länge $h_1 = 5{,}0$ m, die Länge der Mittelstiele 3 und 5 beträgt $h_2 = 6{,}4$ m. Die drei oberen Stäbe werden mit 2, 4 und 6 beziffert, sie verbinden die Knoten 1, 2, 3 und 4. Stab 2 und 6 haben die Länge $l_1 = 8{,}12$ m. Der gekrümmte Stab 4 besteht aus dem mittleren Kreisbogen und den anschließenden geradlinigen Stücken von je 2,5 m Länge. Die Stabsehne 2—3 hat die Länge $l_2 = 16$ m. Die maßgebenden Trägheitsmomente sind in Abb. 72 angegeben.

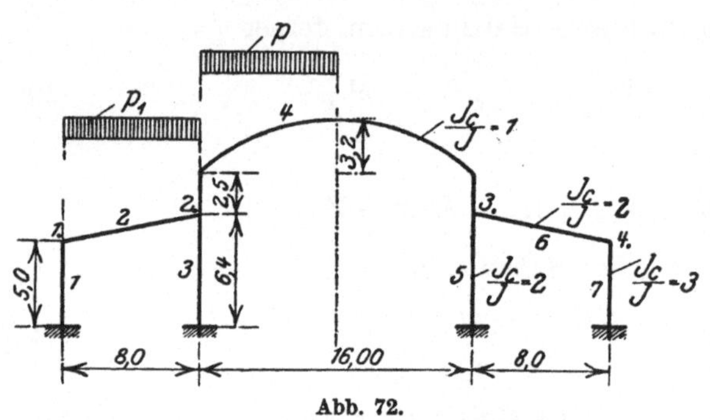

Abb. 72.

Für Stab 2 berechnen wir nach Nr. 19 und nach Abb. 73:

$\frac{J_2}{J}$	ξ''	$\xi''^2\,\frac{J_2}{J}$	
1	0,25	0,0625	1
0,7273	0,3125	0,0710	4
0,5120	0,375	0,0720	2
0,3847	0,4375	0,0736	4
0,2963	0,5	0,0741	1

$$\frac{1}{3}\cdot\frac{1}{16}\cdot 0{,}8590 = 0{,}0179\,.$$

Für das Mittelstück $\int\limits_0^{0,25} \xi^2\cdot d\xi = \underline{0{,}0052}$

$$0{,}0231$$

$$\int \xi''^2 dw = 2\cdot 0{,}0231 = 0{,}0462$$

$$\frac{1}{3}\cdot\frac{1}{16}\cdot 6{,}7681 = 0{,}1410$$

$$\int\limits_0^{0,25} d\xi = \underline{0{,}25}$$

$$0{,}391$$

$$\int dw = 0{,}782$$

Abb. 73.

Für den Kreisbogen ermittelt man mit Hilfe von:

$$\operatorname{tg}\frac{\varphi}{2} = 2t = 0{,}4 \qquad \varphi = 0{,}761013$$

$$s = 2r\cdot\varphi = 17{,}6555; \qquad z_0 = \frac{l}{2\varphi} = 10{,}5123\,,$$

für $\alpha = \frac{J}{Fr^2}$ habe man 0,00021, aus Gl. (73) folgt:

$$f' = \frac{10{,}5123}{1+\alpha} = 10{,}5101\,.$$

Der Abstand des zum Bogen gehörigen Schwerpunktes von dessen Sehne ist:

$$\bar{e} = 10{,}510 - 8{,}4 = 2{,}110 \text{ m}.$$

Die Lage des zum Stab 4 gehörigen Schwerpunktes folgt hiermit:

$$e = \frac{(\bar{e} + 2{,}5)\, s(1+\alpha) + 2 \cdot \frac{2{,}5^2}{2}}{s(1+\alpha) + 2 \cdot 2{,}5} = 3{,}8686\,.$$

Für den Abstand der beiden Schwerpunkte hat man:

$$\bar{e} + 2{,}5 - e = 0{,}7414 \text{ m}.$$

Wir bezeichnen jetzt die nach den Gl. (72a—c) ermittelten Größen mit:

$$\overline{\delta_{xx}} \qquad \overline{\delta_{yy}} \qquad \overline{\delta_{zx}}\,.$$

Nach Entnahme des Wertes $\beta = 0{,}00849$ aus der Tabelle unter Nr. 29 hat man $\alpha + \beta = 0{,}00870$ und findet mit $EJ = 1$:

$$\overline{\delta_{xx}} = 16{,}971 \qquad \overline{\delta_{yy}} = 408{,}343 \qquad \overline{\delta_{zz}} = 17{,}659\,.$$

Mit Hilfe dieser für den Kreisbogen geltenden Größen ergeben sich die entsprechenden Größen für Stab 4:

$$\delta_{xx} = \overline{\delta_{xx}} + s(1+\alpha) \cdot 0{,}7414^2 + \frac{2}{3}(3{,}869^3 - 1{,}369^3) = 63\,578\,,$$

$$\delta_{yy} = \overline{\delta_{yy}} + 2 \cdot 2{,}5 \cdot 8{,}0^2 = 728{,}343\,,$$

$$\delta_{zz} = \overline{\delta_{zz}} + 2 \cdot 2{,}5 \qquad = \quad 22{,}659\,.$$

Auch die Stabkräfte $X^{(0)}$, $Y^{(0)}$, $Z^{(0)}$ bei beiderseitiger starrer Einspannung lassen sich leicht auf die Kräfte $\overline{X}$ $\overline{Y}$ $\overline{Z}$ des Bogens zurückführen. Zunächst bemerkt man, daß die lotrechten Biegungsordinaten des Stabes 4 nur von der Formänderung des Bogens herrühren. Da die Kraft X um 0,7414 m tiefer liegt als $\overline{X}$, hat man:

$$\Delta\eta_x = \overline{\Delta\eta_x} + 0{,}7414\,\overline{\Delta\eta_z}\,,$$

ferner gilt

$$\Delta\eta_y = \overline{\Delta\eta_y}\,,$$

$$\Delta\eta_z = \overline{\Delta\eta_z}\,.$$

Für X hat man z. B.:

$$X^{(0)} = \frac{\Delta\eta_x}{\delta_{xx}} = \frac{\overline{\Delta\eta_x}}{\overline{\delta_{xx}}} \cdot \frac{\overline{\delta_{xx}}}{\delta_{xx}} + 0{,}7414\,\frac{\overline{\Delta\eta_z}}{\overline{\delta_{zz}}} \cdot \frac{\overline{\delta_{zz}}}{\delta_{xx}}$$

oder

$$X^{(0)} = \overline{X} \cdot \frac{\overline{\delta_{xx}}}{\delta_{xx}} + 0{,}7414\,\overline{Z} \cdot \frac{\overline{\delta_{zz}}}{\delta_{xx}},$$

ebenso hat man:

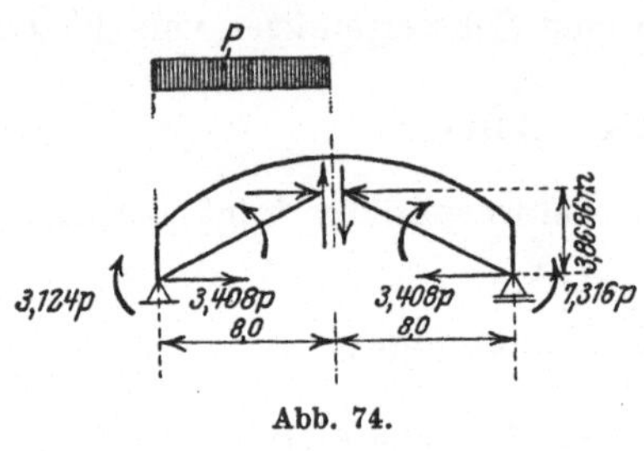

Abb. 74.

$$Y^{(0)} = \overline{Y} \cdot \frac{\overline{\delta_{yy}}}{\delta_{yy}},$$

$$Z^{(0)} = \overline{Z} \cdot \frac{\overline{\delta_{zz}}}{\delta_{zz}}.$$

Für eine gleichmäßig über die linke Bogenhälfte verteilte Belastung erhält man $\overline{X}$ und $\overline{Z}$ als die Hälfte der durch die Gl. (81a) und (85a) gekennzeichneten Werte. Gl. (83a) liefert $\overline{Y}$. Man findet:

$$\overline{X} = 4{,}881\,p \qquad \overline{Y} = 0{,}468\,p \qquad \overline{Z} = 10{,}220\,p$$

$$X^{(0)} = 3{,}408\,p \qquad Y^{(0)} = 0{,}262\,p \qquad Z^{(0)} = 7{,}964\,p.$$

Als zugehörige Endmomente hat man (vgl. Abb. 74)

links: $(3{,}408 \cdot 3{,}8686 - 0{,}262 \cdot 8{,}0 - 7{,}964)\,p = 3{,}124\,p,$

rechts: $(3{,}408 \cdot 3{,}8686 + 0{,}262 \cdot 8{,}0 - 7{,}964)\,p = 7{,}316\,p.$

Als weitere Last werde gleichmäßig p_1 t/m über dem linken Seitenschiff angenommen.

Die Endmomente des starr eingespannten Trägers finden wir mit Hilfe der Formel (38). Dabei ist:

$$\alpha = \frac{1}{4} \qquad i_0 = 1 - 0{,}296 = 0{,}704 \qquad i_m = 1 - 0{,}512 = 0{,}488,$$

$$M_a^{(0)} = 0{,}0957 \cdot p_1 \cdot 8{,}0^2 = 6{,}125\,p_1.$$

Die jetzt vollständig ermittelten Knotenlasten, welche weiterhin zur Berechnung der Grundkoordinaten dienen, sind in der Abb. 75 zusammengestellt.

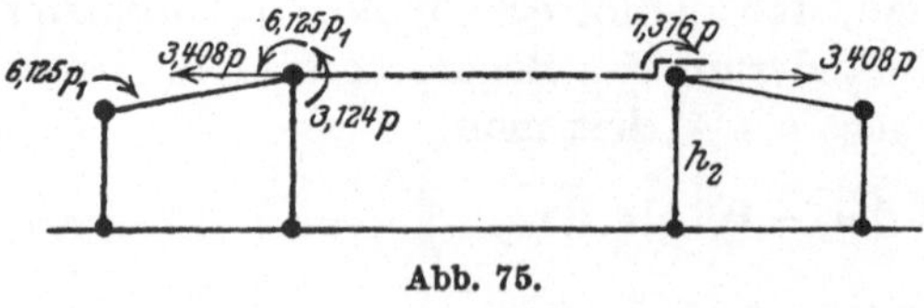

Abb. 75.

Als Grundkoordinaten wählen wir die 4 Knotendrehwinkel ν_1 bis ν_4 sowie die Stabdrehwinkel der Stäbe 3 und 5, die mit μ_1 und μ_2 bezeichnet werden.

Hiermit wird
$$\vartheta_2 = \vartheta_4 = \vartheta_6 = 0,$$

$$\vartheta_1 = \mu_1 \frac{h_2}{h_1} \qquad \vartheta_7 = \mu_2 \frac{h_2}{h_1}.$$

Außerdem hat man

$$\Delta l_4 = h_2 (\mu_1 - \mu_2),$$

weiter liefern die Gl. (101) und (102):

Stab:	1	2	3	4
				$x = e(\nu_2 - \nu_3) + h_2(\mu_2 - \mu_1)$
	$y = \frac{h_1}{2}\nu_1 - h_2\mu_1$	$y = -\frac{l_1}{2}(\nu_1 + \nu_2)$	$y = -\frac{h_2}{2}\nu_2 - h_2\mu_1$	$y = -\frac{l_2}{2}(\nu_2 + \nu_3)$
	$z = \nu_1$	$z = \nu_2 - \nu_1$	$z = \nu_2$	$z = \nu_3 - \nu_2$

Die Elastizitätsgleichungen besitzen doppelte Symmetrie und lassen sich nach folgendem Schema ordnen:

	ν_1	ν_2	μ_1	μ_2	ν_3	ν_4	
ν_1	a_1	a_4	a_5	o	o	o	L_1
ν_2	a_4	a_2	a_6	a_7	a_8	o	L_2
μ_1	a_5	a_6	a_3	a_9	a_7	o	L_3
μ_2	o	a_7	a_9	a_3	a_6	a_5	L_4
ν_3	o	a_8	a_7	a_6	a_2	a_4	L_5
ν_4	o	o	o	a_5	a_4	a_1	L_6

Zur leichteren Übersicht werde allgemein der zur m-ten Gleichung gehörige Koeffizient von w_n mit $(w_m w_n)$ bezeichnet. Aus der vorhergehenden Zusammenstellung von x, y, z lesen wir ohne weiteres folgende nach Gl. (104a) gebildeten Werte ab:

$$a_1 = (\nu_1\nu_1) = \left(\frac{h_1^2}{4}c' + c''\right)_1 + \left(\frac{l_1^2}{4}c' + c''\right)_2,$$

$$a_4 = (\nu_1\nu_2) = \left(\frac{l_1^2}{4}c' - c''\right)_2,$$

$$a_5 = (\nu_1\mu_1) = \left(\frac{h_1 h_2}{2}c'\right)_1,$$

$$a_2 = (\nu_2\nu_2) = \left(\frac{l_1^2}{4}c' + c''\right)_2 + \left(\frac{h_2^2}{4}c' + c''\right)_3 + \left(e^2 c + \frac{l_2^2}{4}c' + c''\right)_4,$$

$$a_6 = (\nu_2\mu_1) = \left(\frac{h_2^2}{2}c'\right)_3 - (e h_2 c)_4,$$

$$a_7 = (\nu_2\mu_2) = (e h_2 c)_4,$$

$$a_8 = (\nu_2\nu_3) = \left(-e^2 c + \frac{l_2^2}{4}c' - c''\right)_4,$$

$$a_3 = (\mu_1\mu_1) = (h_2^2 c')_1 + (h_2^2 c')_3 + (h_2^2 c)_4,$$

$$a_9 = (\mu_1\mu_2) = -(h_2^2 c)_4.$$

Die den Klammern beigefügten Kennziffern deuten darauf hin, an welchem Stab die Kammergröße zu bilden ist.

Bei einem geraden Stab mit unveränderlichem Querschnitt gilt:

$$l^2 c' = \frac{12}{l'} \qquad c'' = \frac{1}{l'},$$

daher auch $\frac{l^2}{4}c' + c'' = \frac{4}{l'}$ $\quad \frac{l^2}{4} - c'' = \frac{2}{l'}$.

Bei Stab 2 hat man:

$$l_2^2 c' = \frac{1}{l_2' \cdot 0{,}0462} \qquad c'' = \frac{1}{l_2' \cdot 0{,}782},$$

somit

$$\frac{l_2^2}{4}c' + c'' = \frac{6{,}6900}{l_2'} \qquad \frac{l_2^2}{4}c' - c'' = \frac{4{,}1325}{l_2'}.$$

Bei Stab 4 gilt:

$$c = \frac{1}{63{,}578} \qquad c' = \frac{1}{728{,}343} \qquad c'' = \frac{1}{22{,}659} \qquad e = 3{,}8686$$

$$e^2 c + \frac{l_2^2}{4}c' + c'' = 0{,}36740; \qquad -e^2 c + \frac{l_2^2}{4}c' - c'' = -0{,}19166.$$

Die reduzierten Stablängen sind folgende:

für Stab 1: $l' = 5{,}0 \cdot 3 = 15{,}0$,

„ „ 2: $l' = 8{,}12 \cdot 2 = 16{,}24$,

„ „ 3: $l' = 6{,}4 \cdot 2 = 12{,}8$.

Hiermit erhalten wir folgende Koeffizienten:

$$a_1 = \frac{4}{15{,}0} + \frac{6{,}6900}{16{,}24} = 0{,}6786,$$

$$a_4 = \frac{4{,}1325}{16{,}24} = 0{,}2545,$$

$$a_5 = 6 \cdot \frac{6{,}4}{5{,}0 \cdot 15{,}0} = 0{,}5120,$$

$$a_2 = \frac{6{,}69}{16{,}24} + \frac{4}{12{,}8} + 0{,}36740 = 1{,}0919,$$

$$a_6 = \frac{6}{12{,}8} - \frac{3{,}8686 \cdot 6{,}4}{63{,}578} = 0{,}0793.$$

$$a_7 = \frac{3{,}8686 \cdot 6{,}4}{63{,}578} = 0{,}3894,$$

$$a_8 = -0{,}1917,$$

$$a_3 = \frac{12}{15} + \frac{12}{12{,}8} + \frac{6{,}4^2}{63{,}578} = 2{,}3817,$$

$$a_9 = -\frac{6{,}4^2}{63{,}578} = -0{,}6442.$$

Durch Addition und Subtraktion der 1. und 6., 2. und 5., 3. und 4. Gl. erhält man die beiden Systeme:

$0{,}6786$	$(\nu_1 + \nu_4)$	$+ 0{,}2545$	$(\nu_2 + \nu_3)$	$+ 0{,}5120$	$(\mu_1 + \mu_2)$	$= L_1 + L_1$
$0{,}2545$	„	$+ 0{,}9002$	„	$+ 0{,}4687$	„	$= L_2 + L_6$
$0{,}5120$	„	$+ 0{,}4687$	„	$+ 1{,}7375$	„	$= L_3 + L_5$
$0{,}6786$	$(\nu_1 - \nu_4)$	$+ 0{,}2545$	$(\nu_2 - \nu_3)$	$+ 0{,}5120$	$(\mu_1 - \mu_2)$	$= L_1 - L_6$
$0{,}2545$	„	$+ 1{,}2836$	„	$- 0{,}3101$	„	$= L_2 - L_5$
$0{,}5120$	„	$- 0{,}3101$	„	$+ 3{,}0259$	„	$= L_3 - L_4$

Die Lösungen sind:

$$\begin{array}{lllll}
\nu_1 + \nu_4 = & 1{,}9600\,(L_1 + L_6) & -0{,}2948\,(L_2 + L_5) & -0{,}4981\,(L_3 + L_4) \\
\nu_2 + \nu_3 = & -0{,}2948 \quad ,, & +1{,}3367 \quad ,, & -0{,}2737 \quad ,, \\
\mu_1 + \mu_2 = & -0{,}4981 \quad ,, & -0{,}2737 \quad ,, & +0{,}7961 \quad ,, \\
\hline
\nu_1 - \nu_4 = & 1{,}9353\,(L_1 - L_6) & -0{,}4746\,(L_2 - L_5) & -0{,}3761\,(L_3 - L_4) \\
\nu_2 - \nu_3 = & -0{,}4746 \quad ,, & +0{,}9152 \quad ,, & +0{,}1741 \quad ,, \\
\mu_1 - \mu_2 = & -0{,}3761 \quad ,, & +0{,}1741 \quad ,, & +0{,}4120 \quad ,,
\end{array}$$

Für die Ermittlung der Werte L beachte man, daß bei den Verschiebungen $\nu_1 = 1$ $\nu_2 = 1$ $\nu_3 = 1$ $\nu_4 = 1$ der in Abb. 75 dargestellten Kette G_3 die Knotenlasten folgende Arbeit leisten:

$$L_1 = 6{,}125\,p_1 \qquad L_2 = -6{,}125\,p_1 - 3{,}124\,p$$
$$L_5 = 7{,}316\,p \qquad L_6 = 0\,.$$

Ferner entspricht der Verschiebung $\mu_1 = 1$ eine Vergrößerung und der Verschiebung $\mu_2 = 1$ eine Verkleinerung des Abstandes der Knoten 2 und 3 um den Betrag $h_2 \cdot 1$. Daraus folgen die Arbeitsgrößen:

$$L_3 = 3{,}408\,p\,h_2 \qquad L_4 = -3{,}408\,p\,h_2\,.$$

Mit Hilfe dieser Werte errechnet man folgende Werte für die Grundkoordinaten:

$$\begin{aligned}
\nu_1 &= 14{,}286\,p_1 - 6{,}343\,p \\
\nu_2 &= -9{,}253\,p_1 + 1{,}821\,p \\
\nu_3 &= -0{,}740\,p_1 + 3{,}781\,p \\
\nu_4 &= -0{,}475\,p_1 + 5{,}107\,p \\
\mu_1 &= -2{,}372\,p_1 + 7{,}504\,p \\
\mu_2 &= 0{,}998\,p_1 - 8{,}651\,p
\end{aligned}$$

Setzt man in den Formeln (53):

$$\nu_i = \nu_3 \qquad \nu_k = \nu_2 \qquad \Delta l_r = h_2\,(\mu_1 - \mu_2)$$
$$X^{(0)} = 3{,}408\,p \qquad Y^{(0)} = 0{,}262\,p \qquad Z^{(0)} = 7{,}964\,p\,,$$

so erhält man für Stab 4 folgende Kräfte:

$$\begin{aligned}
X &= 1{,}663\,p - 0{,}179\,p_1 \\
Y &= 0{,}201\,p + 0{,}110\,p_1 \\
Z &= 8{,}050\,p + 0{,}376\,p_1\,.
\end{aligned}$$

Weiterhin sollen für die einzelnen Stäbe die Momentenflächen infolge der ausschließlichen Belastung der linken Bogenhälfte durch $p = 1$ t/m dargestellt werden.

Auf die Endquerschnitte 2 und 3 des Stabes 4 wirken dabei folgende Momente:

$$1{,}663 \cdot 3{,}8686 - 0{,}201 \cdot 8{,}0 - 8{,}050 = -3{,}224 \text{ t/m}$$
$$1{,}663 \cdot 3{,}8686 + 0{,}201 \cdot 8{,}0 - 8{,}050 = -0{,}008 \text{ ,,}$$

Die resultierenden Endkräfte schneiden die Auflagersenkrechten in den Entfernungen

$$\frac{3{,}224}{1{,}663} = 1{,}939 \text{ m} \quad \text{und} \quad \frac{0{,}008}{1{,}663} = 0{,}005 \text{ m}$$

unterhalb der Knoten 2 und 3.

Die Verbindungslinie dieser Schnittpunkte fassen wir als Schlußlinie einer zur gegebenen Belastung mit dem Polabstand $H = 1{,}663$ konstruierten Seillinie auf, deren Endtangenten sich auf der linken Viertelsenkrechten in der Entfernung von $8p \cdot \frac{4 \cdot 12}{16} \cdot \frac{1}{1{,}663} = 14{,}432$ m schneiden (Abb. 76). Die Ordinaten zwischen Bogen und Seillinie, im

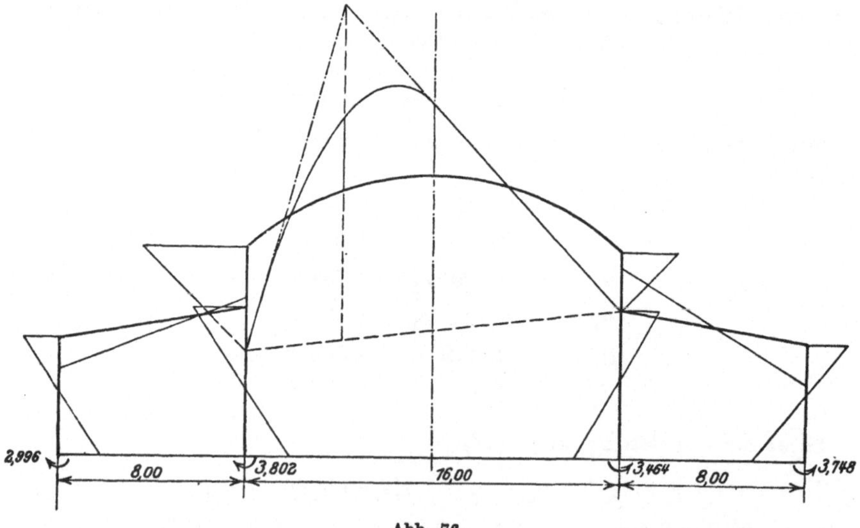

Abb. 76.

Längenmaßstab der Figur gemessen, stellen nach Multiplikation mit 1,663 die Momente am Bogen in t/m dar. In gleichem Maß, d. h. mit Unterdrückung des Faktors 1,663, wurden die übrigen Momente dargestellt.

Hierzu dienen die Formeln (10a), (10b) oder (30a), (30b).

Man hat z. B. bei Stab 1 oben:

$$-\frac{1}{15}\left(-4 \cdot 6{,}343 + 6 \cdot \frac{7{,}504}{5} \cdot 6{,}4\right) = -2{,}150 \text{ t/m}.$$

Zur Probe bei Stab 2 links:

$$-\frac{1}{16{,}24}(4{,}1325\cdot 1{,}821 - 6{,}6900\cdot 6{,}343) = 2{,}150 \text{ t/m}.$$

Bei Stab 2 findet man rechts:

$$-\frac{1}{16{,}24}(6{,}6900\cdot 1{,}821 - 4{,}1325\cdot 6{,}343) = 0{,}864 \text{ t/m}.$$

Bei Stab 3 oben:

$$-\frac{1}{12{,}8}(4\cdot 1{,}821 + 6\cdot 7{,}504) = -4{,}087 \text{ t/m}.$$

$$\text{Probe: } 3{,}224 + 0{,}864 = 4{,}088.$$

Räumliche Vieleckrahmen mit eingespannten Füßen unter besonderer Berücksichtigung der Windbelastung. Von Dr. Ing. **Alfred Millies.** Mit 53 Textabbildungen. VI, 96 Seiten. 1927. RM 12.—

Der elastisch drehbar gestützte Durchlaufbalken (durchlaufende Rahmen). Gebrauchsfertige Zahlen für Einflußlinien und Größtwerte der Momente. Von Dr.-Ing. **H. Craemer,** Düsseldorf. Mit 7 Textabbildungen. IV, 28 Seiten. 1927. RM 5.10

Die Berechnung des symmetrischen Stockwerkrahmens mit geneigten und lotrechten Ständern mit Hilfe von Differenzengleichungen. Von Dr. techn. Ing. **Josef Fritsche,** Prag. VI, 90 Seiten. 1923. RM 4.—

Berechnung von Rahmenkonstruktionen und statisch unbestimmten Systemen des Eisen- und Eisenbetonbaues. Von Ing. **P. Ernst Glaser,** Ilmenau i. Th. Mit 112 Textabbildungen. VIII, 132 Seiten. 1919. RM 4.50

Mehrteilige Rahmen. Verfahren zur einfachen Berechnung von mehrstieligen, mehrstöckigen und mehrteiligen geschlossenen Rahmen (Rahmenbalkenträgern). Von Ingenieur **Gustav Spiegel.** Mit 107 Textabbildungen. VII, 191 Seiten. 1920. RM 7.—

Die Statik des ebenen Tragwerkes. Von **Martin Grüning,** ord. Professor an der Technischen Hochschule zu Hannover. Mit 434 Textabbildungen. VII, 706 Seiten. 1925. Gebunden RM 45.—

Die Tragfähigkeit statisch unbestimmter Tragwerke aus Stahl bei beliebig häufig wiederholter Belastung. Von Prof. **Martin Grüning,** Hannover. Mit 6 Textabbildungen. IV, 30 Seiten. 1926. RM 3.30

Der durchlaufende Träger über ungleichen Öffnungen. Theorie, gebrauchsfertige Formeln, Zahlenbeispiele. Von Prof. Dr.-Ing. **Emil Kammer,** Darmstadt. Mit 303 Abbildungen im Text und auf 4 Tafeln. VIII, 269 Seiten. 1926. RM 25.50; gebunden RM 27.—

Statik der Vierendeelträger. Von Dr.-Ing. **Karl Kriso,** Graz. Mit 185 Textfiguren und 11 Tabellen. X, 288 Seiten. 1922. RM 13.—; gebunden RM 15.—

Durchlaufende Eisenbetonkonstruktionen in elastischer Verbindung mit den Zwischenstützen (Plattenbalkendecken und Pilzdecken). Einflußlinientafeln und Zahlentafeln für die maximalen Biegungsmomente und Auflagerdrücke infolge ständiger und veränderlicher Belastung unter Berücksichtigung der Stützeneinspannung (Winklersche Zahlen) nebst Anwendungsbeispielen von Baurat Dr.-Ing. **F. Kann**, Wismar. Mit 47 Textabbildungen. V, 72 Seiten. 1926. RM 7.20

Die Theorie elastischer Gewebe und ihre Anwendung auf die Berechnung biegsamer Platten unter besonderer Berücksichtigung der trägerlosen Pilzdecken. Von Dr.-Ing. **H. Marcus**, Direktor der HUTA, Hoch- und Tiefbau-Aktiengesellschaft, Breslau. Mit 123 Textabbildungen. VIII, 368 Seiten. 1924. RM 21.—; gebunden RM 23.10

Die vereinfachte Berechnung biegsamer Platten. Von Dr.-Ing. **H. Marcus**, Direktor der HUTA, Hoch- und Tiefbau-Akt.-Ges., Breslau. Mit 33 Textabbildungen. (Erweiterter Sonderabdruck aus „Der Bauingenieur", 5. Jahrgang 1924, Heft 20 und 21.) 92 Seiten. 1925. RM 5.10

Die elastischen Platten. Die Grundlagen und Verfahren zur Berechnung ihrer Formänderungen und Spannungen, sowie die Anwendungen der Theorie der ebenen zweidimensionalen elastischen Systeme auf praktische Aufgaben. Von Professor Dr.-Ing. **A. Nádai**, Göttingen. Mit 187 Abbildungen im Text und 8 Zahlentafeln. VIII, 326 Seiten. 1925. Gebunden RM 24.—

Kreisplatten auf elastischer Unterlage. Theorie zentralsymmetrisch belasteter Kreisplatten und Kreisringplatten auf elastisch nachgiebiger Unterlage. Mit Anwendungen der Theorie auf die Berechnung von Kreisplattenfundamenten und die Einspannung in elastische Medien. Von Privatdozent Dr.-Ing. **Ferdinand Schleicher**, Karlsruhe. Mit 52 Textabbildungen. X, 148 Seiten. 1926. RM 13.50; gebunden RM 15.—

Die Sicherheit der Bauwerke und ihre Berechnung nach Grenzkräften anstatt nach zulässigen Spannungen. Von Dr.-Ing. **Max Mayer**, Duisburg. Mit 3 Textabbildungen. VI, 66 Seiten. 1926. RM 2.70

Die gewöhnlichen und partiellen Differenzengleichungen der Baustatik. Von Ing. Dr. **Fr. Bleich** und Prof. Ing. Dr. **E. Melan**, Wien. Mit 74 Abbildungen im Text. VII, 350 Seiten. 1927. Gebunden RM 28.50

Die Knickfestigkeit. Von Dr.-Ing. **Rudolf Mayer**, Privatdozent an der Technischen Hochschule in Karlsruhe. Mit 280 Textabbildungen und 87 Tabellen. VIII, 502 Seiten. 1921. RM 20.—

Die Deformationsmethode. Von Prof. Dr. techn. h. c. **A. Ostenfeld**, Kopenhagen. Mit 42 Abbildungen. V, 118 Seiten. 1926. RM 10.—